高职高专工业机器人专业系列教材

ABB 工业机器人
典型工程应用

主编　周宇　范俐

西安电子科技大学出版社

内 容 简 介

本书以 ABB 工业机器人为例，通过工业机器人搬运、码垛和焊接三个典型应用项目，介绍了典型应用中机器人的参数设定、调试与编程方法，同时对常用指令与功能进行了详细讲解。每个项目均由项目介绍、知识链接、项目实施、知识拓展等部分组成，内容由浅入深、循序渐进，方便读者理解。

本书适合作为高职高专院校工业机器人、电气自动化等相关专业的教学用书，同时也可作为从事工业机器人现场编程、调试、维护工作的技术人员的参考书。

图书在版编目 (CIP) 数据

ABB 工业机器人典型工程应用 / 周宇，范俐主编 . 一西安：西安电子科技大学出版社，2020.7
ISBN 978 - 7 - 5606 - 5670 - 0

Ⅰ . ① A… Ⅱ .①周… ②范… Ⅲ .①工业机器人—程序设计 Ⅳ .① TP242.2

中国版本图书馆 CIP 数据核字 (2020) 第 076764 号

策 划 编 辑　秦志峰
责 任 编 辑　王 艳　秦志峰
出 版 发 行　西安电子科技大学出版社 (西安市太白南路 2 号)
电　　　话　(029)88242885　88201467　　　　邮编　710071
网　　　址　www.xduph.com　　　　　　　电子邮箱　xdupfxb001@163.com
经　　　销　新华书店
印 刷 单 位　陕西天意印务有限责任公司
版　　　次　2020 年 7 月第 1 版　　2020 年 7 月第 1 次印刷
开　　　本　787 毫米 ×1092 毫米　　1/16　印张　9.25
字　　　数　216 千字
印　　　数　1 ～ 2000 册
定　　　价　27.00 元

ISBN 978 - 7 - 5606 - 5670 - 0/TP

XDUP 5972001 - 1

*** 如有印装问题可调换 ***

前 言
Preface

　　机器人是自动化产线、智能工厂及数字化制造的关键技术装备，同时也是衡量一个国家产业竞争力的重要标志。在科技高速发展的现代，企业要想得到持续发展，需大力推进生产制造系统自动化、智能化的升级改造。工业机器人的诞生不仅加快了工业发展的步伐，同时提升了企业的生产效率。近年来，工业机器人在各级各类企业中的应用获得了井喷式的发展。截至 2019 年，围绕着机器人的生产、集成与维护，全球工业机器人市场已经达到 1000 亿元的市场规模。

　　随着工业机器人在各种领域得到越来越多的应用，工业机器人技术应用人才的巨大缺口成为行业院校和企业的重大挑战。为了培养服务于机器人系统集成企业及生产一线的高素质技术技能人才，使其能够熟练掌握工业机器人典型工作站的系统构成、应用与调试方法，以及外围设备集成、焊接工艺参数等关键知识与技能，我们编写了本书。本书以 ABB 工业机器人为对象，使用 ABB 公司机器人仿真软件 RobotStudio 与实操设备相结合的方法，以工业机器人搬运、码垛和焊接三种典型案例为项目载体，介绍了工业机器人的高级指令与功能的调试方法、系统参数的设定与工程应用、生产工艺要求与程序实现方法。全书图文并茂，通俗易懂，适合作为高职高专院校工业机器人、电气自动化等相关专业的教学用书，同时也可作为从事工业机器人现场编程、调试、维护工作的技术人员的参考书。

　　本书由武汉船舶职业技术学院与天津博诺机器人技术有限公司联合开发，所有项目都具有公司的真实行业应用案例背景。武汉船舶职业技术学院的周宇、范俐担任本书的主编，其中周宇编写绪论和项目三，范俐编写项目一和项目二。

　　由于编者水平所限，书中难免有纰漏之处，敬请广大读者提出宝贵的意见和建议。

编 者

2020 年 2 月

Contents

绪　论
工业机器人基础知识

工业机器人是一种具有若干自由度的自动化机电设备，它们在各种自动化生产线上承担着搬运、切割、焊接、涂胶、打磨、抛光、码垛等生产任务。工业机器人本身对于工业生产是没有实际使用价值的，只有给机器人配以合适的外部辅助装置，编制安全且可靠的运行程序，使其满足生产工艺的要求，工业机器人及其外围设备才能构成实用的机器人工作站。

1. 学习注意事项

机器人工作站是指以一台或多台工业机器人为主要生产工艺设备，配以相应的外部辅助装置，能够完成某一种特定生产工序的自动化生产系统，也称为机器人工作单元。机器人具有再编程的特点，当产品更新时，重新编写其程序系统，并根据新产品的特点为机器人重新搭载末端执行器，即可实现企业柔性化生产的要求。

工业机器人是整个自动化生产系统的组成部分，每一种机器人工作站都是由机器人、工装夹具、传送链、变位机、传感器等设备构成的综合系统。机器人自动化系统调试与集成岗位从业人员应深入学习并掌握各种机器人工作站的硬件构成、系统配置、控制程序以及工艺要求。

本书以搬运、码垛、焊接三个机器人工作站的典型应用案例为任务载体，围绕 ABB 机器人工作站在工程应用中的关键问题——硬件配置、高级指令应用、数据处理、工艺参数、安全生产等展开讲解。通过本书的学习，读者能够较为全面地掌握机器人工作站的安装、配置、编程与调试方法。

2. 学习方法

本书是基于真实的工程应用案例编写的，读者在学习的过程中，既可采用实物训练的方式，也可采用RobotStudio软件虚拟仿真训练的方式。无论采用哪一种方式，本书的学习重点都应该着眼于对机器人工作站完整部署过程的理解，包括I/O系统、外部设备配置、工艺参数设置、程序示教、调试运行等。通过对机器人工作站完整部署过程的学习，读者能够清晰地认识到各种应用场景中机器人的软/硬件配置和程序编写的要点，从而强化机器人知识的理解与运用能力。对于本书中出现的复杂程序和指令，读者可以使用以下方法辅助学习。

1) 指令帮助系统

本书的机器人程序涉及较多的高级 RAPID 指令，而 RobotStudio 软件提供了 RAPID 指令、功能、数据类型的查找和使用帮助，其使用方法如下：

(1) 在 RobotStudio 软件界面下依次选择菜单"文件"→"帮助"，并单击图 0-1 中的

"RAPID 指令、函数和数据类型"选项,可以查看 RAPID 指令、功能、数据类型等相关说明。

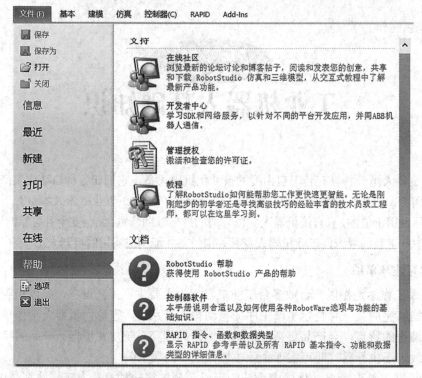

图 0-1　RobotStudio 帮助系统

(2) 在图 0-2 所示页面输入栏中输入要查找的指令,页面右侧将显示该指令的使用方法。

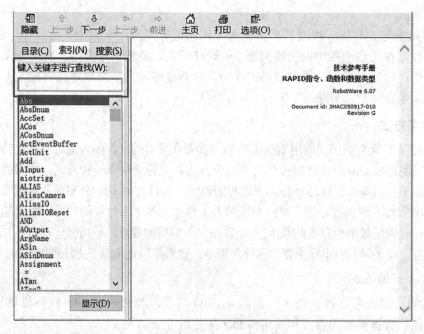

图 0-2　指令搜索与帮助功能

2) 备注行 "!" 的使用技巧

为了便于读者阅读和理解，本书中的程序进行了备注和注释。在程序中添加 "!" 符号并附加中文语句，即为对上一行的程序进行注释，如例 0-1 所示。

例 0-1　程序注释的使用。

程序编写如下：

　　MoveL Ppick, v500, fine, Gripper\WObj:=wobj0;

　　　!移动至抓取点

　　Set do_VacuumOpen;

　　　!置位打开真空吸盘信号，将产品吸起

本例中的中文为程序注释，不影响程序执行。需要注意的是，RobotStudio 软件不支持中文，RAPID 指令中的中文注释在重新打开后会呈现乱码。

在程序编写中遇到暂时不需要的语句也可以使用 "备注" 的方法，使得某一行或几行程序不被执行，如例 0-2 所示。

例 0-2　使用备注控制程序的执行。

程序编写如下：

　　MoveJ P1,v1000,z100,Gripper\WObj:=wobj0；

　　MoveJ P2,v1000,z100,Gripper\WObj:=wobj0；

　　!MoveJ P3,v1000,z100,Gripper\WObj:=wobj0；

　　MoveJ P4,v1000,z100,Gripper\WObj:=wobj0；

本例中，机器人在运行过程中将只运行第 1、2、4 行程序。在示教器中操作时，选中需备注的语句，单击 "编辑" 菜单，并选择 "备注行"（已经备注的行被选中后，将显示 "去备注行"）选项即可备注程序；要将其改为正常执行语句时，选中已备注的语句，在 "编辑" 菜单中选择 "去备注行" 选项即可，如图 0-3 所示。

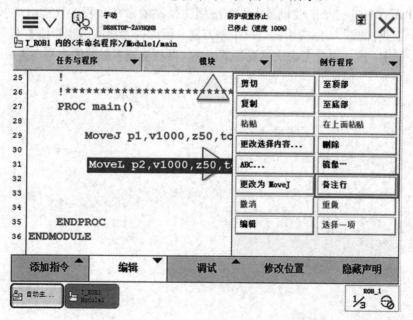

图 0-3　程序的备注

3) 知识储备需求

本书强调机器人工作站的实践应用，书中相关内容的学习需要读者具有一定的专业基础知识，具体如下：

(1) 机器人操作、编程与仿真。

熟练地掌握机器人基础知识是学习本书的基础。建议读者在开始学习本书之前，熟练地掌握"ABB 工业机器人现场操作与编程"以及"RobotStudio 虚拟仿真技术"的相关知识要点。

(2) 电气控制与 PLC 应用技术。

为了凸显机器人工作站的程序与算法，本书中并未出现与电气控制回路或 PLC (Programmable Logic Controller，可编程逻辑控制器) 控制程序有关的内容。但是良好的电气控制与 PLC 应用能力，对于构建一个真实的机器人工作站是不可或缺的。

3. 学习相关资源

(1) 机器人伙伴网站 (http:www.robotpartner.cn/)：由 ABB 培训团队创建及维护，提供 ABB 工业机器人从入门到进阶的教学培训视频。

(2) ABB 公司的机器人官方网站 (https://new.abb.com/products/robotics/zh/)：提供详细的机器人说明文档下载和最新版的 RobotStudio 下载功能，ABB 工业机器人的各种 3D 和 2D 数字模型也能从该网站下载。

(3) ABB 机器人官方手册 (ABB Robotic Manual)：在购买 ABB 工业机器人时随机提供。该手册涵盖了机器人本体结构、电气布置、控制柜、指令说明、应用说明等各方面的内容，是 ABB 工业机器人最重要的参考说明书。不过该说明书目前并未完全汉化，使用者需要具有较高的英语阅读能力。

4. 特别说明

本书中所讲述的三个工业机器人典型应用工作站的参数和程序只适用于书中的特定情况。由于工业机器人实际应用的情况千差万别，因此读者在参考和移植本书中案例参数及程序的过程中，应该充分考虑实际设备的情况，以免造成不必要的人身伤害或财产损失。

工业机器人搬运工作站

1.1 项目介绍

1. 概述

搬运是机器人的第一大应用领域，约占全球工业机器人应用整体的38%。搬运作业就是将工件从一个加工位置移到另一个加工位置，为机器人安装不同的末端执行机构可以完成各种不同形状和状态的工件的搬运。因此，使用机器人进行搬运具有很大的灵活性，也减轻了人类繁重的体力劳动。许多自动化生产线都需要使用机器人进行上下料、搬运以及码垛等操作，机器人代替人工进行搬运是未来必然的趋势。

2. 学习目标

(1) 掌握机器人搬运程序的基本结构。

(2) 掌握相关指令的运用。

(3) 能够完成中等难度程序的调试。

3. 项目分析

本项目涉及的搬运工作站 (如图 1-1 所示) 包括两种物料的搬运，即圆形物料的搬运和方形物料的搬运。在对物料的拾取中，我们规定物料先到先抓，若在抓取时两种物料均已到达抓取位，则优先抓取方形物料，并将其放置于对应的物料盒中。

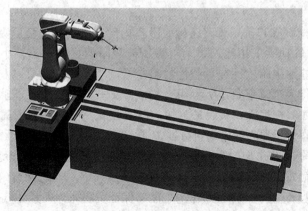

图 1-1　搬运工作站

在为机器人编写运动指令时需注意物料盒中的放置点位，其中方形物料盒存在 90°

的放位变化，而圆形物料盒中物料可以叠摆放置。除了完成基本的搬运动作外，还需注意物料盒满载、物料盒更换等相关信号的处理及机器人抓取开始的条件判断。

为了完成本项目中机器人程序的编写，在知识链接中我们将对涉及的编程技巧及相关 RAPID 指令、功能、数据类型的使用方法进行讲解。

1.2　知识链接

1.2.1　搬运工具的选择

机器人在搬运货物的过程中，需要末端的搬运执行器对工件实现可靠夹持，以便机器人能够带着货物沿着预设的轨迹运行。根据搬运的货物种类的不同，目前主要有三种用于搬运类工作的机器人末端执行器。

1. 气动手爪

气动手爪依靠换向阀调整气缸中压缩空气的流向，由压缩空气推动活塞后，以活塞带动手指实现开合动作从而夹取工件，常用于夹取中小型机械产品，其外形如图 1-2 所示。在实际使用过程中，根据所夹取工件的外形不同，可以选择平面型气爪或 V 型气爪。平面型气爪适合夹取两个侧面为平行面的零件，而 V 型气爪能够夹取轴类零件，V 型气爪的外形如图 1-2 (b) 所示。

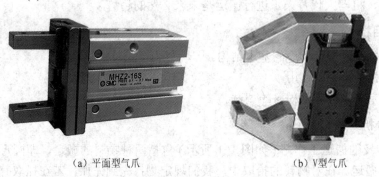

(a) 平面型气爪　　　　　　　　　　　　　(b) V 型气爪

图 1-2　气动手爪

2. 真空吸盘

真空吸盘依靠控制阀和气压管路在橡胶吸盘内部产生的真空负压吸附工件，其外形如图 1-3 (a) 所示。与气动手爪相比，单个吸盘所能吸附的货物重量较小，但是吸附时的定位精度要求较低，能够吸附软性或者脆性材料，常用于药片、糖果以及袋装日用品等轻型产品的搬运工作。将多个真空负压吸盘组合构成阵列式真空吸盘，能够吸附具有大表面积的曲面类零件，例如汽车表面钢板、玻璃等。阵列式真空吸盘的外形如图 1-3 (b) 所示。

选择气动机构作为机器人的末端执行器，通常需要在气动回路中设置压力开关，图 1-4 所示为亚德客公司的 DPSP1 型数显压力开关。通过压力开关表面的按键，可以设定压力开关内部触点动作的触发值。气动机构在夹紧货物的过程中，气动管道内的气压值会一直上升或下降 (真空吸盘管道内的气压为负值)，能够保证货物充分夹紧的气压值称为气压阈值。将压力开关内部常开触点动作触发值设置为货物夹紧的气压阈值，并将接线后常开触点作为机器人的输入信号，该信号置 1 表明气动手爪已经充分夹紧货物，机器人可以开始搬运。

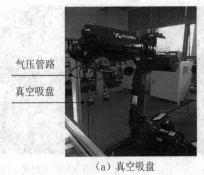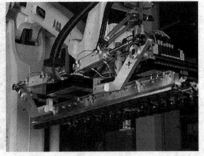

气压管路

真空吸盘

（a）真空吸盘　　　　　　　　（b）阵列式真空吸盘

图 1-3　机器人真空吸盘举例

图 1-4　数显压力开关

3. 齿形夹爪

齿形夹爪由气缸驱动四杆机构，实现两个齿形爪手的扣合运动。齿形抓手从底部抓取工件并完成搬运工作，其外形如图 1-5 所示。齿形夹爪负载能力大，适合于水泥、饲料、种子等农业及化工类袋装产品的搬运工作。需要注意的是，齿形夹爪在抓取和放置过程中，抓手的运动轨迹会超出工件下表面，因此常选用滚筒型输送链进行货物的输送作业。

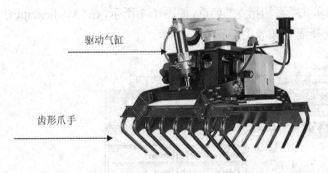

驱动气缸

齿形爪手

（a）齿形式夹爪外形图　　　　　　（b）工作状态的齿形夹爪

图 1-5　机器人齿形夹爪举例

齿形夹爪闭合夹紧后，夹爪内部空间较小，难以充分发挥其负载能力强的特点。平面夹板式夹爪是在齿形夹爪的基础上发展而来的，其外形如图 1-6 所示。平面夹板式夹爪工作时，由气缸推动两块平面夹板从侧面压紧货物并将货物缓慢提升，提升货物的同时由气缸推动齿形爪手扣住货物底部，从而实现货物的抓取及搬运工作。平面夹板式夹爪能够与普通的带传动输送线配合工作，适合于箱式货物的搬运工作。

平面夹板

齿形爪手

(a) 平面夹板式夹爪 　　(b) 工作状态的夹板式夹爪

图 1-6 机器人平面夹板式夹爪

1.2.2 搬运项目相关指令及其应用

本节将讲解在搬运项目中常用到的一些编程技巧、功能指令，如 Incr、VelSet 与 AccSet 指令的应用，功能程序 FUNC 的特征与使用方法，数据读取功能 CRobT 与 CJointT 的应用，以及机器人目标点 robtarget 参数的介绍及应用。每种指令或功能是以在机器人程序 RAPID 中直接编辑的方式举例讲解的，同时会对示教器中的调用方式进行说明。

1. 增量指令 Incr 的应用

(1) 在机器人工作过程中，我们常用 reg1:= reg1 ＋ 1 对运行次数进行计数，指令 Incr 同样也可实现此功能，使用方法如例 1-1 所示。

例 1-1　Incr 的程序编写。

程序编写如下：

```
VAR num reg1;
Incr reg1;
! 每运行一次则对 reg1 加 1
```

(2) 示教器中 Incr 的调用方法：单击"添加指令"菜单，如图 1-7 所示，在"Mathematics"菜单中找到"Incr"指令，单击后选择需要加一的数据对象。

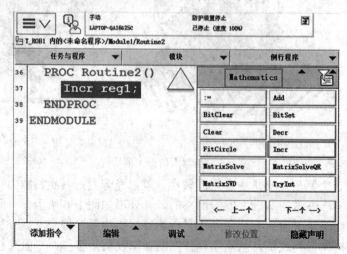

图 1-7 示教器中 Incr 的调用

2. 运动速度 VelSet 及加速度控制 AccSet 指令的应用

(1) VelSet 与 AccSet 指令分别用来控制 TCP 的速度与加速度。其中，VelSet 指令中的两个参数分别用来设定后续机器人运动指令中 TCP 速率的百分率与限制最大速度，其默认值为 VelSet 100, 5000；AccSet 指令中的两个参数分别用来限制机器人从当前运动达到设定速度的加减速度最大值与增减率，其默认值为 AccSet 100,100。具体使用方法如例 1-2、1-3 所示。

例 1-2　VelSet 与 AccSet 指令可放在初始化程序中，用来控制机器人在接下来任务中所有运动指令的 TCP 速率。

程序编写如下：

```
PROC rInit()
    …
        AccSet 50, 100;
        !机器人加减速度的最大值降为默认值的50%，其增减率为默认值
        !若为 AccSet 100, 70，则机器人加减速度的最大值为默认值，其增减率
    为默认值的70%
        VelSet 50, 800;
        !速度降为运动指令中的50%，限制其最大速度为800 mm/s
ENDPROC
```

例 1-3　使用 VelSet 后的速度计算举例。

程序编写如下：

```
PROC testvel()
    VelSet 60, 500;
    !将本指令后所有的 TCP 速率降至设定值的60%，且不允许 TCP 速率超过
    500mm/s
    MoveJ p1, v1000, z50, tool0;
    !速度降为 600 mm/s 后仍大于限速 500 mm/s，运行本指令时 TCP 速度为 500 mm/s。
ENDPROC
```

(2) 示教器中 VelSet 与 AccSet 的调用方法。单击"添加指令"菜单，在"Settings"菜单中的第一与第二页面可分别找到"AccSet"与"VelSet"指令，如图 1-8 所示。调用指令后会显示其默认值，单击数值即可修改。

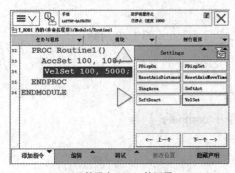

（a）示教器中VelSet的调用　　　　（b）示教器中AccSet的调用

图 1-8　VelSet 及 AccSet 指令调用

3. 功能程序 FUNC 的应用

(1) 功能程序为例行程序中的一种，与普通例行程序相比，功能程序可作为一个固定的公式，调用时在括号中输入实际参数即可得到计算结果。与数学函数 f(x) 一样，当实际值代入函数后即可得到结果 (参考例 1-4)。但相较于数学函数，功能程序的使用更为灵活，其参数及返回值皆可设置为整数 num、布尔量 bool、机器人目标点 robtarget 等任意一种数据类型，例 1-4、例 1-5、例 1-6 中分别讲解了三种不同数据类型的定义及应用。

例 1-4　使用功能程序实现任意两个整数之和的运算。

程序编写如下：

```
PERS num nSum;
 FUNC num sum(num x,num y)
```
! 定义返回数据类型为 num 型的功能程序 sum(sum 为此功能程序名称，可自定义) 及两个参数 x、y。注意，这里的 x、y 仅为形参，可将其理解为数学函数 f(x) 中的 x，调用函数时带入的实际值为实参
```
    VAR num z;
```
! 在功能程序下定义整型数据 z，且该数据只能在本功能程序中被调用。这种定义方式的优势在于任何机器人任务中皆可直接调用此功能程序，不需要重新定义新的变量

! 在功能程序中不允许有持续变量 (如 PERS)，因此此处只能将其设置为变量 (VAR)
```
z := x + y;
    RETURN z;
```
! 设置 z 为功能程序返回值 (可理解为功能程序计算结果)，返回值的数据类型必须与功能程序的数据类型相同，即 z 必须与定义的功能程序 sum 的数据类型一致
```
ENDFUNC
PROC Routine()
    nSum := sum(2,3);
```
! 在例行程序中输入功能程序名称并带入实参对其进行调用，本例中输入实参 2、3(此时 x = 2、y = 3)。程序运行后会得到 z:= 5 的结果，这个结果也将作为例行程序 sum 的最终结果并赋值给 nSum
```
ENDPROC
```

例 1-5　使用功能程序实现任意两个整数之和与 nCount 的大小判断。

程序编写如下：

```
PERS num nCount；
FUNC bool compare(num x,num y)
```
! 定义返回数据类型为 bool 型的功能程序 compare
```
    VAR num z;
    z:= x + y;
    RETURN nCount > z;
```
! 将 nCount 与 z 的大小判断结果作为返回值，nCount 大于 z 时返回 TRUE，

```
否则返回 FALSE
ENDFUNC

PROC Routine()
    IF compare(2,3) THEN
    ! 调用功能程序并输入实参 2、3，此时 x＝2、y＝3，则在功能程序中会对
nCount 与 x、y 之和 5 进行大小比较
    ! 返回值为布尔量并使用 IF 进行判断
    …
    ENDIF
ENDPROC
```

例 1-6　使用功能程序实现机器人目标点的判断。

程序编写如下：

```
PERS num nCount；
PERS num nCompare；
CONST robtarget p1:=[[*,*,*],[*,*,*,*],[1,-1,0,0],[9E9,9E9,9E9,9E9,9E9,9E9]]；
CONST robtarget Phome:= [[*,*,*],[*,*,*,*],[0,0,0,0],[9E9,9E9,9E9,9E9,9E9,9E9]]；
FUNC robtarget Ptarget (num n,robtarget Pmove)
    ! 定义返回数据类型为 robtarget 型的功能程序 Ptarget
    VAR robtarget Ptest；
    IF n < nCompare THEN
    ! 功能程序中可以使用已定义的全局变量，若在新的机器人程序中调用该功
能程序，则需注意此变量是否已定义
        Ptest := Pmove；
    ELSEIF n> nCompare THEN
        Ptest := Phome；
    ENDIF
    RETURN Ptest；
    ! 返回一个机器人目标点
ENDFUNC

PROC Routine()
    MoveJ Ptarget (nCount,p1),v200,fine,tool0；
    ! 在 MoveJ 指令中调用功能程序，括号内的实参可使用任意全局变量数据，
此时 n＝nCount、Pmove＝p1，使用 MoveJ 指令移动至目标点
    …
ENDPROC
```

实际上，上述程序举例皆可使用普通例行程序实现，但对于常用的逻辑运算，提前编
写功能程序可便于多处调用。一般来说，功能程序仅涉及逻辑运算的编写，相关运动指令

在普通例行程序中调用。

（2）示教器中功能程序FUNC的调用方法。在使用示教器进行操作时，首先在新建例行程序中将"类型"修改为"功能"，再依次定义功能程序的名称、参数(功能程序括号内的所有参数) 和数据类型(等同于返回值类型)，即可创建功能程序。此处以例1-4中功能程序为例设置其数据类型为整型 (num)，如图1-9所示。在"例行程序声明"页面单击"确定"后可设定功能程序中的参数，如图1-10 (a) 所示，选择"添加"→"添加参数"菜单，命名参数为x，双击右侧的"数据类型"可进行更改。重复此"添加"操作可创建多个参数，如图1-10 (b) 所示，设定了参数x、y。

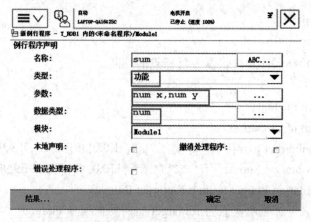

图 1-9　功能程序的声明

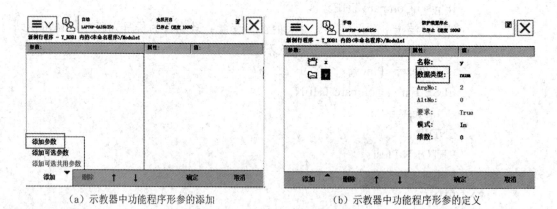

（a）示教器中功能程序形参的添加　　　　　　（b）示教器中功能程序形参的定义

图 1-10　示教器中功能程序的定义

在功能程序中对数据 z 的定义如图 1-11 所示。注意，例行程序需选择已定义的功能程序 sum，RETURN 指令在"Common"菜单中可添加，最终定义好的功能程序如图 1-12 所示。值得注意的是，程序中等式 z := x + y 中的数据 x、y 无法在 num 型数据中直接找到，需要手动编辑。

在普通例行程序中调用此功能程序时需在"功能"菜单中找到对应程序的名称，如图 1-13 所示，在"功能"菜单中找到"sum ()"选项，并将实际参数值定义在括号中形参的对应位置。

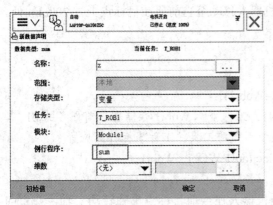

图 1-11　功能程序下数据的定义

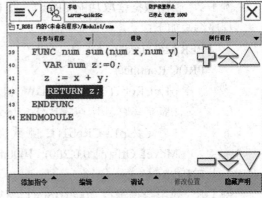

图 1-12　功能程序的定义完成

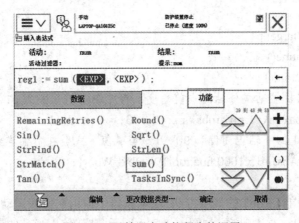

图 1-13　示教器中功能程序的调用

4. 读取当前位置数据功能 CRobT 与 CJointT 的应用

(1) 功能 CRobT 与 CJointT 分别用于读取当前机器人目标点位置数据与机器人各关节轴度数，通常将其直接赋值至可变量目标点或在执行 Move 运动指令中直接调用，程序中的使用方式如例 1-7、例 1-8 所示。功能 CRobT 的变元如表 1-1 所示，功能 CJointT 只涉及程序任务名称的定义。实际上，robtarget 与 jointtarget 两种数据类型之间可以相互转换，在本章末尾的知识拓展中会涉及相关内容的讲解。

表 1-1　功能 CRobT 的变元

变　元	描　述
[\TaskRef]|[\TaskName]	用作存储目标点的程序任务名称允许两种定义方式：[\TaskRef]，数据类型：taskid，程序任务识别号读取当前任务"任务名"+"Id"，如 T_ROB1；[\TaskName]，数据类型：string，直接读取程序任务名称。如果省略该参数，则默认使用当前程序任务存储目标点
[\Tool]	数据类型：tooldata，定义用于计算当前机械臂位置的工具坐标系。如果省略该参数，则默认使用当前的有效工具坐标系
[\WObj]	数据类型：wobjdata，定义用于计算当前机械臂位置的工件坐标系。如果省略该参数，则默认使用当前的有效工件坐标系

例 1-7　使用数据读取功能 CRobT，使机器人移动至当前所在目标点上方 200mm 处。

程序编写如下：

```
PERS robtarget p1；
PROC Routine()
    p1:=CRobT(\Tool:=tool1\WObj:=Wobj1)；
    !指定当前目标点工具坐标 tool1，工件坐标 Wobj1 存储在当前任务的 p1 中
    !若定义 p1:=CRobT()，则默认使用当前工具、工件坐标计算位置
    MoveL Offs(p1,0,0,200),v1000,fine,tool1\WObj:=Wobj1；
ENDPROC
```

例 1-8　使用数据读取功能 CJointT，使机器人在当前目标点单独转动一轴，并正向偏移 90°。

程序编写如下：

```
PERS jointtarget p1；
PROC Routine()
    p1:=CJointT；
    !读取机械轴跟外轴的当前角度，存储在当前任务的 p1 中
    p1.robax.rax_1:=p1.robax.rax_1 + 90；
    !将 p1 的一轴正向偏移 90°，此类赋值方式会在后面详细介绍
    MoveAbsJ p1,v1000,fine,tool1\WObj:=Wobj1；
ENDPROC
```

(2) 示教器中功能 CRobT 的调用方法。在示教器中调用赋值或运动指令 Move 后，在"功能"菜单下找到"CRobT()"选项，如图 1-14 (a) 所示，默认使用当前的工件坐标、工具坐标，目标点参数赋值给 p1。若需要重新定义工件、工具坐标，则在"编辑"菜单中选择"Optional Arguments"选项，在弹出页面中将"\Wobj"、"\Tool"的状态更改为"已使用"即可自定义，如图 1-14 所示。

采用同样的方法可调用 CJointT 指令，定义 p1 点为 jointtarget 数据类型，可在"功能"菜单中找到"CJointT()"选项，其他操作与定义 CRobT() 的完全相同。

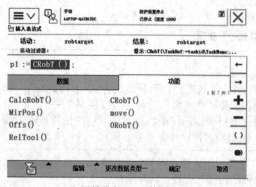
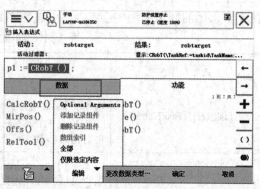

（a）示教器中 CRobT 的调用　　　　　　（b）CRobT 指令的选定

图 1-14　CRobT 指令中坐标的设定

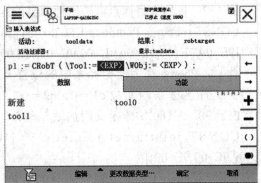

（c）CRobT 指令工件坐标的选定　　　　　　　　（d）CRobT 指令工具坐标的选定

续图 1-14　CRobT 指令中坐标的设定

5. 目标点数据参数赋值的使用方法

（1）机器人目标点可使用 robtarget 数据类型进行存储，观察例 1-9 中定义的目标点常量 Phome，可发现 robtarget 数据类型实际上是由 4 个中括号括起来的不同数据类型组成的，4 种数据类型的定义如表 1-2 所示。

表 1-2　robtarget 中的组件数据定义

组　件	描　述
trans (translation)	数据类型：pos。 工具坐标中点所在位置 (x、y、z) 单位为毫米 (mm)，存储相对于当前工件坐标系所在位置，若未指定则为大地坐标系
rot (rotation)	数据类型：orient。 工具坐标系姿态，以四元数形式表示 (q1、q2、q3、q4)，存储相对于当前工件坐标系方向的工具姿态，若未指定则为大地坐标系
robconf (robot configuration)	数据类型：confdata。 机械臂的轴配置 (cf1、cf4、cf6 和 cfx)。以轴 1、轴 4 和轴 6 当前四分之一旋转的形式进行定义，将第一个正四分之一旋转 0～90° 定义为 0。组件 cfx 的含义取决于机械臂类型
extax (external axes)	数据类型：extjoint。 附加轴的位置，这里的附加轴可以是机器人的第 7 轴，一般为 ABB 传送带，也可以是变位机等随动设备

而使用 jointtarget 数据类型存储机器人目标点，其数据组成相对简单。观察例 1-9 中定义的目标点常量 jointpos1，可发现 jointtarget 数据类型由两个中括号括起来的不同位置数据组成，其具体定义如表 1-3 所示。

表 1-3　jointtarget 中的组件数据定义

组　件	描　述
robax (robot axes)	数据类型：robjoint。 机械臂的轴位置 (rax_1、rax_2、rax_3、rax_4、rax_5、rax_6)，单位为度，存储各轴（臂）从轴校准位置沿正方向或反方向旋转的度数
extax (external axes)	数据类型：extjoint。 附加轴的位置

例 1-9　机器人目标点参数组件数据的定义举例。

CONST robtarget Phome := [[302,0,451],[0,0.707106781,0.707106781,0],[0,0,1,0],
[9E+09,9E+09,9E+09,9E+09,9E+09,9E+09]];

此时，Phome 在大地坐标系中的位置 x = 302、y = 0、z = 451；工具坐标系姿态相对于当前工件坐标系四元数 q1 = 0、q2 = 0.7、q3 = 0.7、q4 = 0；轴 1、轴 4 位于 0°～ 90°，轴 6 位于 90°～ 180°；未定义附加轴 a ～ f。

CONST jointtarget jointpos1:= [[0,30,0,0,30,0], [9E+09,9E+09,9E+09,
9E+09,9E+09,9E+09]];

此时，jointpos1 的 6 个轴分别为 0°、30°、0°、0°、30°、0°，且未定义附加轴 a ～ f。

实际上，在机器人程序编写中可以单独调用 robtarget 及 jointtarget 的所有组件数据，具体调用方法如例 1-10、例 1-12 所示。

例 1-10　机器人目标点 robtarget 组件数据的调用方式。

程序编写如下：

```
PERS robtarget p1；
CONST robtarget；
p2 := [[300,0,0],[0,0,1,0],[0,0,1,0],[9E+09,9E+09,9E+09,9E+09,9E+09,9E+09]]；
p1.trans.x := p2.trans.x；
p1.trans.y := p2.trans.y；
p1.trans.z := p2.trans.z；
! 可单独调用 x、y、z 方向偏移
p1.rot := p2.rot；
! 可继续单独调用 rot 下的 q1、q2、q3、q4，例如 p1.rot.q1 := p2.rot.q1
p1. robconf := p2. robconf；
! 可继续单独调用 robconf 下的 cf1、cf4、cf6 和 cfx，例如 p1.robconf.cf1 := p2. robconf.cf1
p1. extax := p2. extax；
! 可继续单独调用 6 个附加轴，例如 p1.extax.eax_a := p2. extax.eax_a
! 这里需注意，只有变量或可变量的点才能够被重新赋值
! 本例中，robtarget 数据类型目标点 p1 下所有组件数据被依次赋值，其功能等
```

同于 p1 := p2。当目标点需要向某一方向偏移时，也可以使用本例的赋值方式，程序的编写如例 1-11 所示

例 1-11　使用组件数据实现目标点 p1 朝 z 方向上偏移 100。

程序编写如下：

```
PERS robtarget p1；
CONST robtarget；
p2 := [[300,0,0],[0,0,1,0],[0,0,1,0],[9E+09,9E+09,9E+09,9E+09,9E+09,9E+09]] ；
p1 := p2；
p1.trans.z := p2.trans.z +100；
MoveL p1, v1000, fine, tool0；
```

例 1-12 机器人目标点 jointtarget 组件数据的调用方式。

PERS jointtarget p1;

CONST jointtarget p2 := [[0,30,0,0,30,0], [9E+09,9E+09, 9E+09, 9E+09, 9E+09,9E+09]];

p1.robax.rax_1 := p2.robax.rax_1;

p1.robax.rax_2 := p2.robax.rax_2;

p1.robax.rax_3 := p2.robax.rax_3;

p1.robax.rax_4 := p2.robax.rax_4;

p1.robax.rax_5 := p2.robax.rax_5;

p1.robax.rax_6 := p2.robax.rax_6;

! 可单独调用 6 个轴的转动角度

(2) 示教器中目标点数据参数的调用方法。创建一个 robtarget 类型的可变量 p1，选中 p1 后依次选择"编辑"→"添加记录组件"菜单，此时即可选择需要的组件，如图 1-15 所示 (这里以添加 trans 为例)。若设置 p1 为一个 jointtarget 类型的可变量，则在选择"添加记录组件"菜单后可添加 robax 及 extax。

（a）示教器中目标点组件的添加

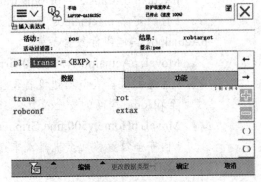

（b）目标点组件trans的调用

图 1-15　示教器中 trans 组件的调用

若需继续定义 p1 点 x、y、z 方向上的偏移，光标选中 trans 后依次选择"编辑"→"添加记录组件"菜单添加偏移方向 x、y、z，如图 1-16 所示。

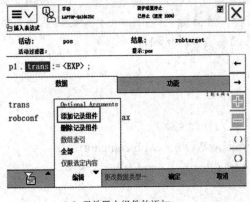

（a）示教器中组件的添加

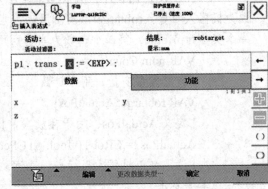

（b）偏移方向的设定

图 1-16　机器人目标点方向偏移值的设定

1.2.3　搬运项目相关指令的实际应用

本节将讨论机器人程序中较常用的几种程序的编写方法，主要包括机器人从当前任一点运动回原点、机器人的搬运运动轨迹以及机器人在不同工件坐标下运动的处理技巧。

1. 机器人回原点的程序设计

在所有程序中，基本都需要实现机器人从任意目标点移动至原点的功能，且机器人在移动过程中必须避免与周围设备发生碰撞，具体编程如下所示。

```
PROC CheckHomePos()
    VAR robtarget pActualPos；
    IF NOT CurrentPos(pHome,Gripper，wobj0) THEN
        ! 调用 FUNC 功能程序，设定目标点为机器人原点，TCP 为 Gripper 工具坐标，wobj0 为工件坐标
        ! 判断机器人当前是否在允许相差范围内的 pHome 点，若不在则移动至原点
        pActualpos ：=CRobT(\Tool：=Gripper\WObj：=wobj0)；
        pActualpos.trans.z ：= pHome.trans.z；
        ! 重新定义 pActualpos 目标点 z 方向偏移参数为 pHome 点 z 方向偏移高度，pActualpos 其他组件数据不变
        MoveL pActualpos,v500,z10,Gripper；
        ! 为避免机器人与周边设备发生碰撞，机器人首先由当前点沿着 z 方向直线移动至 pHome 同高的安全位置
        MoveL pHome,v500,fine,Gripper；
        ! 由安全位置移动至机器人原点
    ENDIF
ENDPROC


FUNC bool CurrentPos(robtarget ComparePos,INOUT tooldata TCP compare，INOUT wobjdata Wobjcompare)
    ! 定义 FUNC 功能程序，判断当前点位是否接近目标点，程序数据类型为 bool，参数为机器人目标点 robtarget 以及所用工具坐标。若目标点为 pHome 点，则其括号中第一个实参为 pHome，第二个参数为当前所用工具坐标(如 tool1)
    VAR num Counter := 0；
    ! 定义整型变量，用于计数
    VAR robtarget ActualPos；
    ! 定义 ActualPos，用于存放当前机器人目标点参数
    ActualPos := CRobT(\Tool：= TCPcompare\WObj：= Wobjcompare)；
    ! 读取当前机器人目标点。注意，ActualPos 与 ComparePos 需在同一个工件、工具坐标下
    IF ActualPos.trans.x > ComparePos.trans.x - 25
```

AND ActualPos.trans.x < ComparePos.trans.x + 25　Counter := Counter + 1；
IF ActualPos.trans.y > ComparePos.trans.y - 25
AND ActualPos.trans.y < ComparePos.trans.y + 25　Counter := Counter + 1；
IF ActualPos.trans.z > ComparePos.trans.z - 25
AND ActualPos.trans.z < ComparePos.trans.z + 25　Counter := Counter + 1；
!判断当前点 x、y、z 方向偏移是否分别在目标点 x、y、z 方向偏移的正负
25 mm 内，满足条件则将 Counter 计数加一
IF ActualPos.rot.q1 > ComparePos.rot.q1 - 0.1
AND ActualPos.rot.q1 < ComparePos.rot.q1 + 0.1　Counter := Counter + 1；
IF ActualPos.rot.q2 > ComparePos.rot.q2 - 0.1
AND ActualPos.rot.q2 < ComparePos.rot.q2 + 0.1　Counter := Counter + 1；
IF ActualPos.rot.q3 > ComparePos.rot.q3 - 0.1
AND ActualPos.rot.q3 < ComparePos.rot.q3+0.1　Counter := Counter + 1；
IF ActualPos.rot.q4 > ComparePos.rot.q4 - 0.1
AND ActualPos.rot.q4 < ComparePos.rot.q4 + 0.1　Counter := Counter + 1；
!判断当前点 4 个方向的旋转角度是否分别在目标点 4 个方向的旋转角度的
正负 0.1 内，满足条件则将 Counter 计数加一
!本段程序也可以考虑使用 distance() 及 abs() 功能实现相对便捷的编程
RETURN Counter = 7；
!判断 Counter 值是否为 7，返回 TRUE/FALSE
!当所有 IF 条件均满足时，Counter 为 7，前点位足够接近目标点，返回
TRUE；当存在任何 IF 条不满足时，Counter 不等于 7，前点位与目标点存在一
定偏移，返回 FALSE
ENDFUNC

2. 机器人搬运的轨迹设计及基本编程思路

机器人取放动作轨迹如图 1-17 所示，机器人在到达抓取和放置点前需先移动至其正
上方等待点，之后竖直移动至取放点。实施完取放动作后也需先移动至等待点，再进行下
一步动作。具体运动指令程序编写如例 1-13、例 1-14 所示。

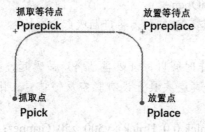

图 1-17　取放动作轨迹

例 1-13　在搬运动作运动指令的程序编写中通常会将抓取与放置动作过程分别定
义在两个子程序 rPick 与 rPlace 下，本例中取放点为两个固定点，I/O 板输出信号 do_

VacuumOpen 用作触发真空发生器实现物料的吸取，Gripper 为机器人工具坐标。

```
CONST robtarget Ppick := [[*,*,*],[*,*,*,*],[0,0,0,0],[9E9,9E9,9E9,9E9,9E9,9E9]];
CONST robtarget Pplace := [[*,*,*],[*,*,*,*],[1,-1,0,0],[9E9,9E9,9E9,9E9,9E9,9E9]];
```

!示教机器人抓取点与放置点

```
PERS num Hpick := 100;
PERS num Hplace := 150;
```

!定义 Hpick、Hplace 两个可变量整数作为抓取等待点与放置等待点相对于其抓取点与放置点 z 方向高度

```
PROC main()
```

!本例仅讨论机器人搬运过程中运动程序的编写

```
    …
    rPick;
    rPlace;
    …
ENDPROC

PROC rPick()
```

!机器人抓取产品子程序

```
    MoveJ Offs(Ppick,0,0,Hpick), v3000, z50, Gripper;
```

!移动至抓取等待点

!由于抓取等待点在抓取点 Ppick 的正上方，使用偏移指令 Offs 即可定义 z 方向高度为 Hpick 的等待点位置。相对于直接输入数值，定义可变量更方便修改

```
    MoveL Ppick, v500, fine, Gripper;
```

!竖直移动至抓取点

!在机器人取放动作中需准确运动至抓放点并置/复位夹具信号，这种情况下必须使用 fine 使其运动至准确的目标点并停顿

```
    Set do_VacuumOpen;
```

!置位打开真空吸盘信号，将产品吸起

```
    WaitTime 0.5;
```

!预留吸盘动作时间以保证吸盘已将产品吸起，等待时间可根据实际工作情况进行调整。若真空夹具上设有真空反馈信号，则可使用 wait 指令等待其反馈信号置为 1

```
    MoveL Offs(Ppick,0,0, Hpick), v500, z50, Gripper;
```

!竖直移动至抓取等待点

```
ENDPROC

PROC rPlace()
```

!机器人放置产品子程序

MoveJ Offs(Pplace,0,0, Hplace), v3000, z50, Gripper;

!移动至放置等待点

MoveL Pplace, v500, fine, Gripper;

!竖直移动至放置点

Reset do_VacuumOpen;

!复位打开真空吸盘信号，将真空关闭，放下产品

WaitTime 0.5;

!等待一定时间，防止产品被剩余真空带起

MoveL Offs(Pplace,0,0, Hplace), v500, z50, Gripper;

!竖直移动至放置等待点

ENDPROC

例 1-14 在实际的搬运任务中，物料的取放点通常为不固定的一个点。本例中需将物料先后由传送带搬运至物料盒 A、B、C、D 4 个存放位。工作站布置与物料盒尺寸如图 1-18 (a) 所示。

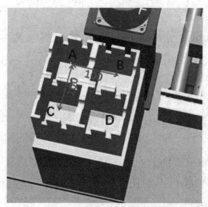

（a）料盒的布置与尺寸

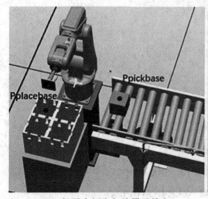

（b）机器人抓取与放置示教点

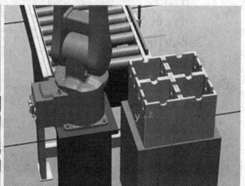

（c）机器人工作坐标

图 1-18 机器人工作站模型

分析发现，4 个放置点仅存在点位坐标上的区别，其搬运动作可用相同的运动指令实现。参考例 1-13 中的程序，我们调用 4 次抓放子程序，并在调用抓放子程序时将抓取点

依次替换成 A、B、C、D 4 个放置点，则可完成一个物料盒的搬运工作。为了实现这个功能，可定义一个可以被赋值的变量 (VAR) 或可变量 (PERS) robtarget 数据作为抓取点，在每次调用抓放子程序之前分别对 A、B、C、D 4 个点赋值，可实现 4 次不同点位的搬运动作。

如图 1-18 (b)、1-18 (c) 所示，本例以物料盒为基准创建工件坐标 wobj1、示教固定抓取点 Ppickbase 及放置点 Pplacebase (A 点)，注意选择正确的工件坐标。与例 1-13 一样，I/O 板输出信号 do_VacuumOpen 用作触发真空发生器实现物料的吸取，Gripper 为机器人工具坐标。

```
CONST robtarget Ppickbase := [[*,*,*],[*,*,*,*],[0,0,0,0],[9E9,9E9,9E9,9E9,
9E9,9E9]];
CONST robtarget Pplacebase := [[*,*,*],[*,*,*,*],[1,-1,0,0],
[9E9,9E9,9E9,9E9,9E9,9E9]];
PERS robtarget Pplace;
!创建可变量机器人目标点 Pplace
PERS num Hpick := 100;
PERS num Hplace := 150;
PERS num nCount := 1;
!创建可变量 nCount，用作搬运次数计数，初始值为 1。如不进行赋值，则其初
始值默认为 0


PROC main()
!本例仅讨论机器人搬运过程中运动程序的编写
    …
    WHILE nCount < 5 DO
    !搬运完 4 次后跳出 WHILE 循环，机器人停止运动
      rCalculatePos;
      rPick;
      rPlace;
      WaitTime 0.3;
    ENDWHILE
ENDPROC


PROC rPick()
!机器人抓取产品子程序
    MoveJ Offs(Ppickbase,0,0,Hpick), v3000, z50, Gripper\WObj:=wobj0;
    MoveL Ppickbase, v500, fine, Gripper\WObj:=wobj0;
    Set do_VacuumOpen;
    WaitTime 0.5;
    MoveL Offs(Ppickbase,0,0, Hpick), v500, z50, Gripper\WObj:=wobj0;
ENDPROC
```

```
PROC rPlace()
! 机器人放置产品子程序
    MoveJ Offs(Pplace,0,0, Hplace), v3000, z50, Gripper\WObj:=wobj1；
    ! 使用可变量 Pplace 作为放置点，但在被赋值之前没有任何意义
    MoveL Pplace, v500, fine, Gripper\WObj:=wobj1；
    Reset do_VacuumOpen；
    WaitTime 0.5；
    MoveL Offs(Pplace,0,0, Hplace), v500, z50, Gripper\WObj:= wobj1；
ENDPROC

PROC rCalculatePos()
    TEST nCount
```

! 检测当前搬运次数，用 TEST 指令实现 4 次搬运的判断及点位赋值。除了 TEST 指令，IF 指令也可以实现同样的功能，此处使用 TEST 指令可以使程序结构更为清晰

```
    CASE 1:
        Pplace := Pplacebase；
```

! 第一次搬运 nCount = 1，物料放置于 A 点，直接将 Pplacebase 赋值给 Pplace

```
    CASE 2:
        Pplace := Offs(Pplacebase,0,100,0)；
```

! 第二次搬运 nCount = 2，物料放置于 B 点，该点相对于基准点 A 点在工件坐标 wobj1 下向 y 方向偏移 100，此处调用功能 Offs 可实现偏移的设置。也可直接对 Pplace 点的 y 方向参数进行赋值操作，即 Pplace.trans.y := pPlace.trans.y+100，偏移值也可设为可变量整数

```
    CASE 3:
        Pplace := Offs(Pplacebase,100,0,0)；
```

! 第三次搬运 nCount = 3，物料放置于 C 点，该点相对于基准点 A 点在工件坐标 wobj1 下向 x 方向偏移 100，也可直接对 Pplace 点的 x 方向参数进行赋值操作，即 Pplace.trans.x := Pplace.trans.x + 100；

```
    CASE 4:
        Pplace : = Offs(Pplacebase,100,100,0)；
```

! 第四次搬运 nCount = 4，物料放置于 D 点，该点相对于基准点 A 点在工件坐标 wobj1 下向 x、y 方向偏移 100，也可直接对 Pplace 点的 x、y 方向参数分别进行赋值，即 Pplace.trans.x := Pplace.trans.x + 100, Pplace.trans.y := pPlace.trans.y +100

```
    DEFAULT:
        TPERASE；
```

```
        TPWRITE "The CountNumber is error,please check it!";
```
　　！显示搬运物料计数错误
```
        STOP;
```
　　！停止机器人运行程序
```
    ENDTEST
        Incr nCount;
```
　　！搬运物料次数计数
```
    ENDPROC
```

　　本节中的程序举例仅讨论机器人搬运过程中运动程序的编写，而实际工程中一个较为完整的搬运程序还需添加用于初始化子、点位计算、逻辑判断等功能的例行程序。

　　另外，为增加机器人的工作效率及准确性，需对 Move 指令进行如下操作：

　　(1) 速度优化：机器人的运动速度应根据不同的工作需要进行定义，一般来说，移至取放点的速度需要相对减慢，以防止机器人与产品发生撞击，同时也能较好地保证运动位置的准确性。具体速度值的设定需现场调试。

　　(2) 转弯半径优化：为了使机器人在转弯处轨迹圆滑，同时减少在转角处的速度衰减，在运动至等待点的运动指令中通常使用合适的转弯半径，如例 1-14 中的 z50，则机器人在通过这两点时会以半径为 50 mm 的弧形轨迹运动。如果机器人在运动中无法实现设定的转弯半径，如运行完成带有转角半径的运动指令后立刻停止，则机器人在运动过程中会显示"转角路径故障"的错误。

3. 可变量工件坐标的应用

　　此处将讨论在同一机器人工作站下，两个相同工件在不同放置位的情况下（如对称的双垛盘物料放置位），机器人动作程序的编写方式。

　　如图 1-19 所示，我们以在两个相同工件上完成沿着边缘轨迹的画方动作为例。对两个工件建立工件坐标 Wobj1 与 Wobj2 后，示教相对于 Wobj1 的目标点 P1（如图 1-20 所示），正确调用运动指令即可完成 P1 点工件的画方动作。

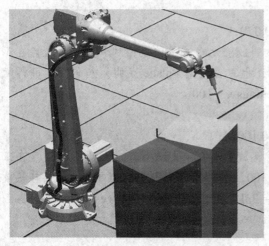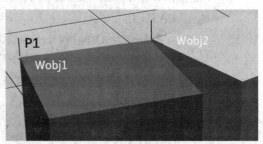

　　图 1-19　工作站举例　　　　　　　　　图 1-20　工件坐标的定义

机器人目标点 robtarget 中的数据类型 pos 中存储了相对于当前工件坐标系 x、y、z 方向上的所在位置。当工件坐标发生移动而相对工件坐标上的目标点参数未改变时，仅修改工件坐标即可重新找到目标点位置。对于本例中相同的工件及运动要求，在正确调用运动指令完成 P1 点工件的画方动作后，修改运动指令中工件坐标 Wobj 为 Wobj2 即可实现相对于右边工件的运动要求。具体程序如例 1-15 所示。

例 1-15 相同工件上轨迹运动程序的编写。

程序编写如下：

```
PROC main()
    MoveJ pHome,v1000,z100,tool1\WObj:=Wobj0;
    WHILE TRUE DO
        testwobj1;
        testwobj2;
        ! 重复两个工件的画方动作
    ENDWHILE
ENDPROC
PROC testwobj1()
    ! 使用运动指令及 Offs 功能实现方形轨迹动作，起始点为 P1 点，并选择工件坐标 Wobj1
    MoveJ P1,v1000,fine,tool1\WObj:=Wobj1;
    MoveL Offs(P1,500,0,0),v1000,fine,tool1\WObj:=Wobj1;
    MoveL Offs(P1,500,500,0),v1000,fine,tool1\WObj:=Wobj1;
    MoveL Offs(P1,0,500,0),v1000,fine,tool1\WObj:=Wobj1;
    MoveL P1,v1000,fine,tool1\WObj:=Wobj1;
    MoveL Offs(P1,0,0,300),v1000,fine,tool1\WObj:=Wobj1;
ENDPROC
PROC testwobj2()
    ! 使用与 testwobj1 相同的运动指令，在两种工件完全相同的情况下，工件 1 起始点 P1 相对于 Wobj1 的位置坐标与工件 2 起始点相对于 Wobj2 的位置坐标完全相同。修改 Move 指令中 Wobj 为 Wobj2 即可实现工件 2 方形轨迹动作
    MoveJ P1,v1000,fine,tool1\WObj:=Wobj2;
    MoveL Offs(P1,500,0,0),v1000,fine,tool1\WObj:=Wobj2;
    MoveL Offs(P1,500,500,0),v1000,fine,tool1\WObj:=Wobj2;
    MoveL Offs(P1,0,500,0),v1000,fine,tool1\WObj:=Wobj2;
    MoveL P1,v1000,fine,tool1\WObj:=Wobj2;
    MoveL Offs(P1,0,0,300),v1000,fine,tool1\WObj:=Wobj2;
ENDPROC
```

同理，当工件位置需重新布置时，只需要重新示教工件坐标，而不需要重新示教机器人相对于此工件坐标的目标点。实际工程中，工作站布置与机器人大地坐标不可能做到完全重合，以工件坐标为基准进行目标点的示教是十分必要的，其一可方便在工作站位置发

生偏移时对目标点进行修改,其二是为了保证以工件坐标为基准的相关偏移指令的准确性。

数据类型 wobjdata 除了可定义为常量 CONST 外,也可被定义为变量 VAR 或者可变量 PERS (如图 1-21 所示)。如果将例 1-15 中子程序 testwobj1、testwobj2 下运动指令的工件坐标设为可变量 wobjx,在调用时再对其赋值则可在某种程度上实现程序的简化,具体程序如例 1-16 所示。注意,此处工件坐标只能设为可变量而非变量,因为变量是只读值,而不是持续变量参考值。

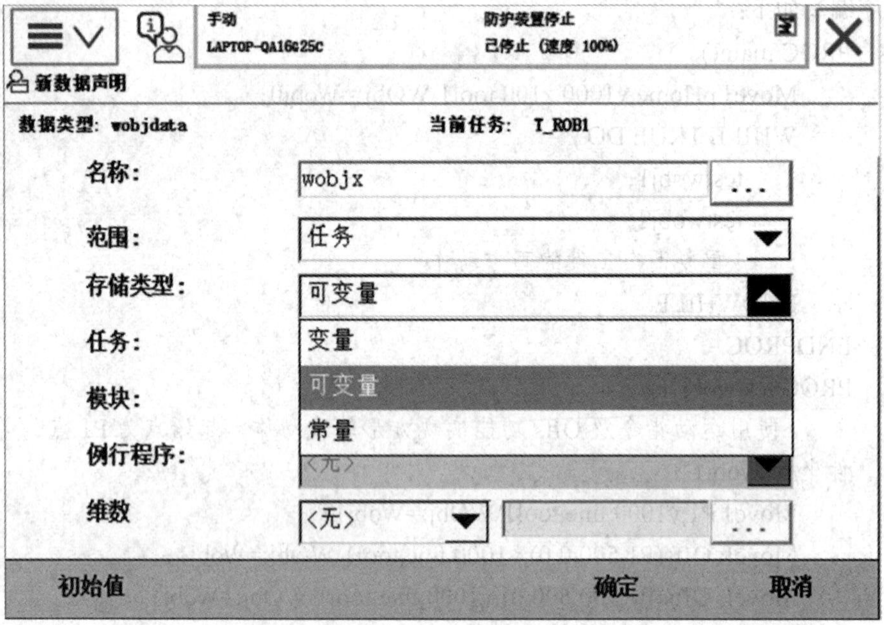

图 1-21 工件坐标的可变量定义

例 1-16 将工件坐标设为变量的程序编写。
程序编写如下:

```
PROC main()
MoveJ pHome,v1000,z100,tool1\WObj:=Wobj0;
WHILE TRUE DO
    IF n Mod 2 = 0 THEN
    !Mod 功能指令用于计算余数
    !n 为双数时调用工件坐标 Wobj1,为单数时调用工件坐标 Wobj2
    wobjx : = Wobj1;
    ELSE
    wobjx : = Wobj2;
    ENDIF
    testwobj;
    ENDWHILE
ENDPROC
PROC testwobj()
```

！将可变量 wobjx 设为运动指令的工件坐标，在调用运动子程序之前将其赋值为对应工件的工件坐标

MoveJ P1,v1000,fine,tool1\WObj:=wobjx；

MoveL Offs(P1,500,0,0),v1000,fine,tool1\WObj:=wobjx；

MoveL Offs(P1,500,500,0),v1000,fine,tool1\WObj:=wobjx；

MoveL Offs(P1,0,500,0),v1000,fine,tool1\WObj:=wobjx；

MoveL P1,v1000,fine,tool1\WObj: = wobjx；

MoveL Offs(P1,0,0,300),v1000,fine,tool1\WObj:=wobjx；

Incr n；

ENDPROC

1.3 项 目 实 施

1.3.1 任务实施

一般来说，在编写程序之前需要完成信号板及相关 I/O 信号的配置，以及工件、工具坐标的创建。在目标点较少的情况下，建议提前创建并示教所需要的机器人目标点；在数量较多的情况下，可在编写程序的同时创建。

1. 配置 I/O 单元及信号

配置 I/O 单元及信号如表 1-4、表 1-5 所示。

表 1-4　D651 信号板

I/O 板名称	I/O 板类型	工业网络通信方式	通信地址
D651	DSQC 651	DeveiceNet	63

表 1-5　D651 相关 I/O 信号

信号名称	信号类型	信号所在 I/O 板	信号地址	备　注
di1_BoxRecReady	数字输入	D651	1	方形物料盒到位信号
di2_BoxRoundReady	数字输入	D651	2	圆形物料盒到位信号
di3_RecInPos	数字输入	D651	3	方形物料到达机器人抓取位信号
di4_RoundInPos	数字输入	D651	4	圆形物料到达机器人抓取位信号
do1_VacuumOpen	数字输出	D651	32	打开真空
do2_BoxRecFull	数字输出	D651	33	方形物料盒装满信号
do3_BoxRoundFull	数字输出	D651	34	圆形物料盒装满信号

2. 创建工具、工件坐标

创建工具坐标 Gripper，设置将 tool0 向 z 方向偏移 107 mm，mass 为 1 的工具坐标。

以两种料盒为基准创建工件坐标 wobjBox 与 wobjRound，分别位于方形料盒边缘与圆形料盒中心处，其中 x 方向均指向远离机器人的方向，如图 1-22、图 1-23 所示。

图 1-22　工具坐标的定义

（a）方形料盒工件坐标

（b）圆形料盒工件坐标

图 1-23　料盒工件坐标示例

3. 目标点示教

为完成方形物料的搬运，目标点示教如图 1-24 所示。其中，根据放置位成 90°的特征示教两个放置点。同理，圆形物料示教一个抓取点与一个放置点即可。

（a）方形物料抓取点示教

（b）方形物料竖直放置点示教

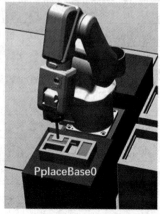

（c）方形物料平行放置点示教

图 1-24　方形物料目标点示教

1.3.2　程序编写及注释

1. 程序中参数的定义

程序中参数的定义如下：

```
    CONST robtarget Phome := [[*,*,*],[*,*,*,*],[0,0,1,0],[9E9,9E9,9E9,9E9,9E9,9E9]];
    CONST robtarget PpickRectangle := [[*,*,*],[*,*,*,*],[-1,-1,0,0],[9E9,9E9,9E9,9E9,9E9,9E9]];
    CONST robtarget PplaceBase0 := [[*,*,*],[*,*,*,*],[-2,-1,-1,0] ,[9E9,9E9,9E9,9E9,9E9,9E9]];
    CONST robtarget PplaceBase90 := [[*,*,*],[*,*,*,*],[-1,-1,-1,0],[9E9,9E9,9E9,9E9,9E9,9E9]];
    CONST robtarget PpickRound := [[*,*,*],[*,*,*,*],[0,0,0,0], [9E9,9E9,9E9,9E9,9E9,9E9]];
    CONST robtarget PplaceRound := [[*,*,*],[*,*,*,*],[1,-1,0,0], [9E9,9E9,9E9,9E9,9E9,9E9]];
    PERS tooldata Gripper := [TRUE,[[0,0,106.928],[1,0,0,0]],[1,[-1,0,0], [1,0,0,0],0,0,0]];
    PERS wobjdata wobjBox := [FALSE,TRUE," ", [[0,0,0],[1,0,0,0]],[[-100,-225,50],[0.707106781,0,0,-0.707106781]]];
    PERS wobjdata wobjRound := [FALSE,TRUE," ",[[0,0,0],[1,0,0,0]],[[0,290,50],[0.707106781,0,0,0.707106781]]];
    PERS robtarget Pplace;
    PERS robtarget Ppick;
    PERS wobjdata wobjLorR;
    VAR num nCountRectangle := 1;
    VAR num nCountRound := 1;
    CONST num nXoffset := 50;
    ! 方形物料放置点 x 方向偏移量
    CONST num nYoffset := -50;
    ! 方形物料放置点 y 方向偏移量
    VAR num nTest;
    ! 物料判断，1 为方形物料，2 为圆形物料
    VAR num Hplace;
    VAR num Hpick;
    VAR bool ready := TRUE;
```

2. 主程序

主程序如下：

```
    PROC main()
```

```
        rInit；
        WHILE TRUE DO
                DefinePos；
                ! 确定抓取物料种类以及是否已满足抓取条件
                IF ready = TRUE THEN
                        ! 判断是否已满足抓取条件
                        CalculatePos；
                        ! 调用子程序 CalculatePos，确定机器人取放位置
                        rPick；
                        rPlace；
                        ! 调用机器人取放动作子程序
                ENDIF
                WaitTime 0.3；
                ! 每运行一次暂停 0.3 s，防止机器人控制器 CPU 过负荷
        ENDWHILE
ENDPROC
```

3. 初始化程序

初始化程序如下：

```
PROC rInit()
        AccSet 100, 100；
        VelSet 50, 1000；
        ! 设定 TCP 运行加速度与速度
        Reset do1_VacuumOpen；
        Reset do2_BoxRecFull；
        Reset do3_BoxRoundFull；
        ! 复位输出信号
        ready := FALSE；
        ! 复位准备信号
        CheckHomePos；
        ! 检测当前机器人位置，若不在 Phome 点，则移动至 Phome 点
ENDPROC
```

4. 机器人对物料抓取与放置的动作设定

机器人对物料抓取与放置的动作设定如下：

```
PROC rPick()
! 机器人抓取产品子程序
        MoveJ Offs(Ppick,0,0,Hpick), v3000, z50, Gripper\WObj:=wobj0；
        ! 移动至抓取等待点
        ! 由于抓取等待点在抓取点 Ppick 正上方，则定义 z 方向高度后直接使用偏
```

移指令 Offs 即可定义等待点位置

　　MoveL Ppick, v500, fine, Gripper\WObj:=wobj0；

　　！移动至抓取点

　　Set do1_VacuumOpen；

　　！置位打开真空吸盘信号，将产品吸起

　　WaitTime 0.5；

　　！预留吸盘动作时间以保证吸盘已将产品吸起，等待时间可根据实际工作情况进行调整。若真空夹具上设有真空反馈信号，则可使用 WaitTime 指令等待其信号置为 1。

　　MoveL Offs(Ppick,0,0, Hpick), v500, fine, Gripper\WObj:=wobj0；

　　！移动至抓取等待点

ENDPROC

PROC rPlace()

！机器人放置产品子程序

　　MoveJ Offs(Pplace,0,0, Hplace), v3000, z50, Gripper\WObj:=wobjLorR；

　　！移动至放置等待点

　　MoveL Pplace, v500, fine, Gripper\WObj:=wobjLorR；

　　！移动至放置点

　　Reset do1_VacuumOpen；

　　！复位打开真空吸盘信号，将真空关闭，放下产品

　　WaitTime 0.5；

　　！等待一定时间，防止产品被剩余真空带起

　　MoveL Offs(Pplace,0,0, Hplace), v500, z50, Gripper\WObj:=wobjLorR；

　　！移动至放置等待点

ENDPROC

5. 物料抓取与放置点的定义

物料抓取与放置点的定义如下：

　　PROC rCalculatePos()

　　！检测当前物料取放种类

　　TEST nTest

　　！使用两个 TEST 指令分别确定物料形状与方形物料的放置位 (如图 1-25 所示)，此处使用 IF 指令也可实现相同的功能。

　　CASE 1：

　　　！方形物料

　　　Ppick := PpickRectangle；

　　　wobjLorR := wobjBox；

　　　Hplace := 100；

　　　！确定抓取点、工件坐标、放置点抬起高度

　　　TEST nCountRectangle

CASE 1:

pPlace : = Offs(PplaceBase90,0,0,0);

！当 nCountRectangle 等于 1，也就是搬运第一件方形物料时，以 PplaceBase90 点为基准，沿工件坐标 wobjBox x、y、z 方向偏移，此时为第 1 放置点，偏移值为 0

CASE 2:

pPlace := Offs(PplaceBase90,0,nYoffset,0);

！当 nCountRectangle 等于 2，也就是搬运第二件方形物料时，以 PplaceBase90 点为基准，沿工件坐标 wobjBox x、y、z 方向偏移，此时为第 2 放置点，向 y 方向偏移 nYoffset = -50

CASE 3:

pPlace : = Offs(PplaceBase0,0,0,0);

！当 nCountRectangle 等于 3，也就是搬运第三件方形物料时，以 PplaceBase0 点为基准，沿工件坐标 wobjBox x、y、z 方向偏移，此时为第 3 放置点，偏移值为 0

CASE 4:

pPlace := Offs(PplaceBase0,nXoffset,0,0);

！当 nCountRectangle 等于 4，也就是搬运第四件方形物料时，以 PplaceBase0 点为基准，沿工件坐标 wobjBox x、y、z 方向偏移，此时为第 4 放置点，向 x 方向偏移 nXoffset = 50

DEFAULT:

TPERASE；

TPWRITE "The CountNumber is error,please check it!";

STOP；

！当 nCountRectangle 的值不在 1 ~ 4 范围内则视为出错，屏幕显示错误信息，程序停止

ENDTEST

Incr nCountRectangle；

！方形物料计数加 1

CASE 2:！圆形物料

Ppick := PpickRound；

wobjLorR := wobjRound；

！确定抓取点、工件坐标

pPlace := pPlaceRound；

！将第一个圆形物料放置点赋值给 robtarget 可变量 pPlace

pPlace.trans.z := pPlaceRound.trans.z + (nCountRound - 1) *10；

！圆形物料在料盒中叠摞放置，放置点的高度每次会增加一个圆形物料的高度 10 mm。将 pPlace 在 z 方向偏移值根据圆形物料数量赋值新的值：

当 nCountRound = 1 时，pPlace.trans.z := pPlaceRound.trans.z；

当 nCountRound = 2 时，pPlace.trans.z := pPlaceRound.trans.z + 10；

当 nCountRound = 2 时，pPlace.trans.z := pPlaceRound.trans.z + 20；

当 nCountRound = 2 时 pPlace.trans.z := pPlaceRound.trans.z + 30

每次增加的高度值可用 (nCountRound−1)*10 计算得到，故得出上述表达式

Hplace := pPlaceRound.trans.z + 100；

! 抓取预备点为抓取点上方 100 mm，此值也可因情况修改，但一定要高于料盒高度，否则易发生碰撞

Incr nCountRound；

! 圆形物料计数加 1

ENDTEST

ENDPROC

图 1-25　物料盒尺寸

6. 物料的抓取与放置位置的判断

物料的抓取与放置位置的判断如下：

PROC rDefinePos()

! 确定机器人抓取及放置位置子程序

IF nCountRectangle > 4 THEN

Set do2_BoxRecFull；

nCountRectangle := 1；

! 判断当前方形物料盒内物料是否已满，若已满则输出已满信号 do_BoxRecFull，并将物料计数恢复初始值 1

ENDIF

IF nCountRound > 4 THEN

Set do3_RoundBoxFull；

nCountRound := 1；

! 判断当前圆形物料盒内物料是否已满，若已满则输出已满信号 do_RoundBoxFull，并将物料计数恢复初始值 1

ENDIF

```
IF do2_BoxRecFull = 1 AND do3_BoxRoundFull = 1 THEN
```
! 当两种料盒均放满的情况
```
    ready := FALSE;
    TPWrite"ALL BOXES ARE FULL";
    TPWrite" PLEASE TAKE THE FULL BOX AWAY";
    MoveJ Phome,v1000,z100,Gripper\WObj:=wobj0;
```
! 当两种料盒均放满时，示教器显示已放满，机器人回到 Phome 点等待
更换料盒信号
```
    Waituntil di_BoxRecReady = 0 OR di_BoxRoundReady = 0;
```
! 等待物料盒被取走的信号
```
ELSEIF do2_BoxRecFull =1 OR do3_BoxRoundFull = 1 THEN
```
! 当有一种料盒放满的情况
```
    TPWrite"PLEASE TAKE THE FULL BOX AWAY";
    WaitTime 5;
```
! 等待 5 s，在本程序中规定必须在这 5 s 内将物料盒取走
```
ENDIF
```

```
IF di1_BoxRecReady = 0 THEN
    RESET do2_BoxRecFull;
ENDIF
IF di2_BoxRoundReady = 0 THEN
    RESET do3_BoxRoundFull;
ENDIF
```
! 当前料盒被取走，料盒到位信号为 0 时将已满信号复位

! 在机器人普通程序运行中所有指令必须等到程序指针运行至当前程序段才能实现功能，而料盒的更换在程序执行的任何时刻都可实施，当某一料盒更换完毕，其到达信号即由 1 归为 0 后重新置为 1。如果在此信号为 0 的过程中指针都未移动至上方 IF 指令使装满信号复位，则当指针移动至本程序段时由于信号已经置为 1，不满足 IF 条件将不执行复位指令，最终导致无法对当前料盒实施物料搬运。事实上，此类信号使用中断指令将更容易处理，本指令在下一个项目中将进行介绍

! 在不使用中断程序的情况下，为了避免此漏洞，机器人必须等到盒子都更换完毕才能继续进行搬运。为了加快工作节奏，本程序规定机器人等待 5 s

```
IF do2_BoxRecFull = 0 AND di1_BoxRecReady = 1 AND di3_RecInPos = 1 THEN
```
! 本段指令用作抓取物料的判断

! 我们规定在两种物料都到达等待位时方形物料优先被拾取

! 判断是否能对方形物料实施抓取时必须确认方形料盒已到位且未放满、方形物料到达机器人抓取点
```
    nTest := 1;
```

!在子程序 CalculatePos 中将方形物料取放点赋值至机器人目标点
ready := TRUE；
!抓取准备就绪
ELSEIF do3_BoxRoundFull = 0 AND di2_BoxRoundReady = 1 AND
di3_RoundInPos = 1 THEN
!当方形物料无法满足抓取条件时，判断是否能对圆形物料实施抓取，需确认圆
形料盒已到位且未放满、圆形物料到达机器人抓取点
nTest := 2；
!在子程序 CalculatePos 中将圆形物料取放点赋值给机器人目标点
ready := TRUE；
!抓取准备就绪
ELSE
ready : = FALSE；
!抓取条件不满足，不能开始抓取动作
ENDIF

ENDPROC

7. 机器人回原点的判断

机器人回原点的判断程序如下：
PROC rCheckHomePos()
!检测机器人当前是否在 Phome 点
VAR robtarget pActualPos；
IF NOT CurrentPos(pHome,Gripper) THEN
pActualpos := CRobT(\Tool:=Gripper\WObj:=wobj0)；
pActualpos.trans.z:=Phome.trans.z；
MoveL pActualpos,v500,z10,Gripper；
MoveL Phome,v500,fine,Gripper；
ENDIF
ENDPROC

FUNC bool CurrentPos(robtarget ComparePos,INOUT tooldata TCP)
!检测机器人目标点功能程序
VAR num Counter := 0；
VAR robtarget ActualPos；
ActualPos := CRobT(\Tool:=TCP\WObj:=wobj0)；
IF ActualPos.trans.x > ComparePos.trans.x − 25
AND ActualPos.trans.x < ComparePos.trans.x + 25 Counter := Counter + 1；
IF ActualPos.trans.y > ComparePos.trans.y − 25
AND ActualPos.trans.y < ComparePos.trans.y + 25 Counter := Counter + 1；
IF ActualPos.trans.z > ComparePos.trans.z − 25

```
AND ActualPos.trans.z < ComparePos.trans.z + 25 Counter := Counter + 1;
    IF ActualPos.rot.q1 > ComparePos.rot.q1 - 0.1
AND ActualPos.rot.q1 < ComparePos.rot.q1 + 0.1 Counter := Counter + 1;
    IF ActualPos.rot.q2 > ComparePos.rot.q2 - 0.1
AND ActualPos.rot.q2 < ComparePos.rot.q2 + 0.1 Counter := Counter + 1;
    IF ActualPos.rot.q3 > ComparePos.rot.q3 - 0.1
AND ActualPos.rot.q3 < ComparePos.rot.q3 + 0.1 Counter := Counter + 1;
    IF ActualPos.rot.q4 > ComparePos.rot.q4 - 0.1
AND ActualPos.rot.q4 < ComparePos.rot.q4 + 0.1 Counter := Counter + 1;
    RETURN Counter = 7;
ENDFUNC
```

8. 目标点的示教

目标点的示教程序如下：

```
PROC rModPos()
! 示教机器人目标点程序，便于测试与修改目标点
    MoveJ Phome,v200,fine,Gripper\WObj:=wobj0;
    MoveJ PpickRec,v200,fine,Gripper\WObj:=wobj0;
    MoveJ PplaceBase90,v200,fine,Gripper\WObj:=wobjL;
    MoveJ PplaceBase0,v200,fine,Gripper\WObj:=wobjL;
    MoveJ PpickRound,v200,fine,Gripper\WObj:=wobj0;
    MoveJ PplaceRound,v200, fine,Gripper\WObj:=wobjR;
    ! 示教点时需注意工件坐标的正确选择
    MoveAbsJ Poshome,v200,fine,Gripper\WObj: = wobj0;
    ! 方便操作机器人回到关节轴零点位置
ENDPROC
```

1.4　知识拓展

1. robtarget 与 jointtarget 之间的互相转换

(1) robtarget 与 jointtarget 两种程序数据可使用功能指令进行转换，具体调用方式如下方程序所示。

```
CONST jointtarget
jointpos1 := [[0,30,0,0,30,0],[9E+09,9E+09,9E+09,9E+09,9E+09,9E+09]];
CONST robtarget robpos1:=[[*,*,*],[*,*,*,*],[-1,-1,0,0], [9E9,9E9, 9E9, 9E9, 9E9, 9E9]];
PERS jointtarget jointp1;
PERS robtarget robp1;
PROC jointrob ()
    jointp1 := CalcJointT(robpos1,tool1\WObj:=wobj1);
    ! 将 robtarget robpos1 转换为工具坐标 tool1、工件坐标 wobj1 的 jointtarget,
```

存储至 jointp1，实现 robtarget 转化为 jointtarget

robp1 := CalcRobT(jointpos1,tool1\WObj:=wobj1);

! 将 jointtarget jointpos1 转换为工具坐标 tool1、工件坐标 wobj1 的 robtarget，存储至 robp1，实现 jointtarget 转化为 robtarget

ENDPROC

(2) 示教器中指令 CalcJointT 与 CalcRobT 的调用方法。在"功能"菜单中选择 CalcJointT()，如图 1-26 (a) 所示，再选择需要被转换的 robtarget，本例中如图 1-26 (b) 所示选择 robpos1，之后继续选择相关工具坐标 tool1。

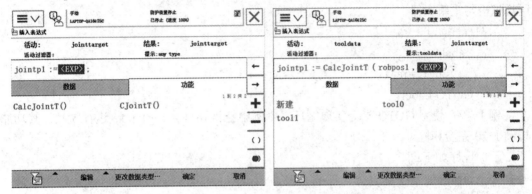

（a）示教器中CalcJointT功能选定　　　　　　　（b）示教器中CalcjointT功能工具坐标定义

图 1-26　示教器中 CalcJointT 功能的调用

工件坐标如不进行另外设置则默认为 wobj0，如需设置则如图 1-27 所示在"编辑"菜单中选择"Optional Arguments"选项，并将"\wobj"修改为"已使用"，然后再选择需使用的工件坐标。

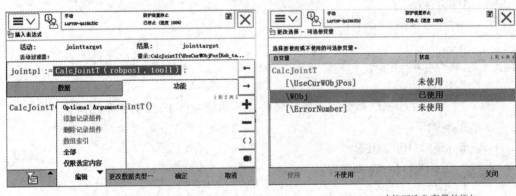

（a）"Optional Arguments"添加可选参变量　　　　（b）CalcJointT功能可选参变量的添加

图 1-27　示教器中 CalcJointT 功能工件坐标调用

2. 转移到新的指令功能 GOTO

(1) GOTO 指令的基本机构如例 1-17、例 1-18 所示，"Label"为标签名字，可自定义。其主要功能是用来改变程序流程转去执行标签所标识的语句，通常与条件语句配合使用实现循环或条件转移等功能 (如例 1-19、例 1-21 所示)。但要注意，本指令仅能将程序转移到其内部的一个标签处。

例 1-17　当程序运行至 GOTO 指令处时，会自动跳转至标签"Label"所标识语句继续运行，本例中的第二行语句将不会被执行。

示例程序如下：

```
GOTO Label;
reg1 := reg1 + 1;
Label:
```

例 1-18　当程序没有运行至 GOTO 指令处时，标签"Label"对其运行顺序没有任何影响，程序将正常从上至下运行。本例中当运行至 GOTO 时，会跳转回上一句"Label"所标识语句重新运行。

示例程序如下：

```
Label:
    reg1:= reg1 + 1;
GOTO Label;
```

例 1-19　使用 GOTO 指令实现循环。本例中会将 reg1 := reg1 + 1; 运行 5 次，其功能与例 1-20 完全相同。

示例程序如下：

```
reg := 1;
next:
    …
    reg1 := reg1 + 1;
IF reg1 <=5 GOTO next;
```

例 1-20

```
reg := 1;
WHILE reg1 <= 5 THEN
    …
    reg1 := reg1 + 1;
ENDWHILE
```

例 1-21　使用 GOTO 指令实现条件转移，其功能与例 1-22 的完全相同。

示例程序如下：

```
IF reg1 > 100 THEN
    GOTO highvalue
ELSE
    GOTO lowvalue
ENDIF
lowvalue:
    reg1 := reg1 + 1;
    GOTO ready;
highvalue:
    reg1 := reg1 - 1;
```

ready:

　　TPWRITE "The final value is"\Num:=reg1；

例 1-22　使用 IF 指令实现条件选择。

IF reg1 > 100 THEN

　　reg1 ：= reg1 − 1；

ELSE

　　reg1 ：= reg1 + 1；

ENDIF

TPWRITE "The final value is"\Num :=reg1；

　　(2) 示教器中功能指令 GOTO 的调用方法。选择"添加指令"菜单，如图 1-28 (a) 所示，在"Prog.Flow"菜单中找到"GOTO"与"Label"选项。如图 1-28 (b) 所示，首先选择"Label"选项并双击"<ID>"后定义标签名称 (例如 label)；第二步选择"GOTO"选项，如图 1-28 (c) 所示，双击"<ID>"选择已定义的需要执行的标签名称。

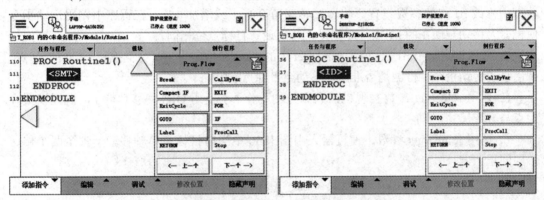

（a）GOTO 系列指令　　　　　　　　　　　（b）Label 指令的调用

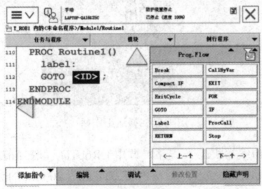

（c）GOTO 指令的调用

图 1-28　示教器中 GOTO 系列指令的调用

思考与练习

1. 结合 1.2.2 小节 1、2 中的内容完成以下机器人运动要求：

(1) 要求使用 Incr 指令计数，实现图 1-29 中沿大方形与小方形先后分别运行两次的轨迹运动。

图 1-29　轨迹模型

(2) 使用 VelSet 指令实现大方形比小方形速度快一倍的运动效果。

2. 使用示教器任意移动机器人，在程序中调用 CRobT() 读取当前目标点 p1，再次任意移动机器人后调用运动程序使其重新回到 p1 点，观察是否与之前移动到的目标点位相同。

3. 使用示教器任意移动机器人，在程序中调用 CJointT() 读取当前目标点 p1，在程序数据中修改 p1 点的参数设置，将一轴转动角度减小或增加 45°。在程序中调用运动指令使机器人移动至现在的 p1 点，观察是否与所设置目标点位相同。

4. 任意设定一个 p1 点，调用 robtarget 中的 trans 参数定义沿 x 方向偏移 -300 的 p2 点，调用直线运动指令，检测是否准确地移动至目标点 p2。

5. 调用 robtarget 参数实现机器人画方的动作 (不使用 Offs 偏移功能)，自行设置开始点与方形尺寸。

6. 调用 jointtarget 参数，使机器人由图 1-30 中当前目标点单轴移动一轴至两个传送带中间正上方。

图 1-30　搬运工作站

7. 在 RobotStudio 中编写机器人程序，调用 CRobT() 读取当前目标点并判断其 x、y、z 偏移方向是否分别在 pHome 点 x、y、z 偏移方向正负 20 mm 的允许范围内，若满足则保持当前位置，否则以安全姿态运动至 pHome 点 (请合理自定义 pHome 目标点)。

8. 定义返回值类型为 num 的功能程序，用于计算任意两个整数之差，在普通例行程序中进行调用，验证功能程序的正确性。

9. 使用功能程序实现加、减、乘、除四种运算功能。

提示：功能程序的形参可设定为待运算的两个 num 型数据以及运算方式的选项，运算方式可以用数据实现对应，如 1 代表加、2 代表减等，或用 String 类型输入需要的运算方式。

10. 在第 9 题的基础上，使用人机交互的方式实现简易的计算器功能。

11. 编写机器人程序实现边长 300 mm 的方与半径 80 mm 的圆的轨迹运动，要求每次画两个方之后画一次圆，并定义返回值类型为 bool 的功能程序实现画方与画圆判断，在普通例行程序中编写机器人运动程序并调用功能程序。

12. 编写机器人程序实现起始点为 A、B 两点的方形轨迹运动 (合理自定义起始点及方形尺寸)，要求定义返回值类型为 robtarget 的功能程序，实现单次数从 A 点开始、双次数从 B 点开始的判断，在普通例行程序中编写机器人运动程序并调用功能程序。

13. 使用功能程序编写机器人移动的判断程序，其返回值为 bool，参数为机器人目标点及当前工具坐标 (参考 1.2.2 小节功能程序 FUNC 的应用中的实例)。要求比较机器人当前点与目标点的直线距离，小于 20 mm 返回 TRUE，否则返回 FALSE。

提示：点与点之间的距离计算如图 1-31 所示，相关算术函数可在帮助中查找功能 Sqrt 及 Pow 的相关用法。

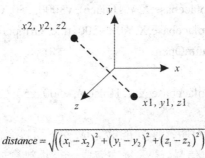

$$distance = \sqrt{\left(\left(x_1 - x_2\right)^2 + \left(y_1 - y_2\right)^2 + \left(z_1 - z_2\right)^2\right)}$$

图 1-31　空间中点与点之间距离的计算

14. 在例行程序中调用题 13 中已编辑的功能程序，选择一个合适的目标点与工具坐标作为实参，返回 TRUE 时停止不动，否则移动至目标点。

15　创建固定取、放点 A、B 及机器人工作等待点 pHome。要求：

(1) 机器人从 pHome 点出发将产品由 A 点搬运至 B 点。注意运动指令中转角半径及速度的设定。

(2) 机器人从 pHome 点出发将产品由 A 点第一次搬运至 B 点，第二次搬运至 B 点 x 方向偏移 20 mm 的 C 点，第三次搬运至 B 点 x 方向偏移 40 mm 的 D 点。对放置点使用变量。

(3) 机器人从 pHome 点出发将产品由 A 点搬运至 B 点后回到 pHome 点后，再由 B 点搬回到 A 点，实现循环抓放。

16. 在 RobotSudio 软件下使用教点或定义自动轨迹的方法完成图 1-32 中车窗的涂胶工作，思考任意移动工件台后如何能最快地调整目标点至现在的位置？

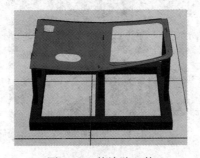

图 1-32　待涂胶工件

17. 结合机器人搬运程序思考如下问题：

(1) 在物料取放运动过程中不设置相应等待点，直接运动至取放点可能会出现什么情况？

(2) 在置位真空吸盘信号之前的 Move 指令中设置转角为 z50 会出现什么情况？

18. 例 1-14 中通过在子程序 rCalculatePos 下对可变量 Pplace 赋值实现 4 个放置点的定义，除此之外，也可以定义偏移值为可变量，并将 rPlace 子程序改成下方所示，而子程序 rCalculatePos 中只需对 X、Y 赋值即可。请完成 rCalculatePos 程序的编写，实现相同的搬运功能。

```
PERS num X;
PERS num Y;

PROC rPlace()
    MoveJ Offs(Pplacebase,X,Y, Hplace), v3000, z50, Gripper\WObj:=wobj1;
    MoveL Offs(Pplacebase,X,Y,0), v500, fine, Gripper\WObj:=wobj1;
    Reset do_VacuumOpen;
    WaitTime 0.5;
    MoveL Offs(Pplacebase,X,Y, Hplace), v500, z50, Gripper\WObj:=wobj1;
ENDPROC
```

19. 优化例 1-14 中的程序，使其能够完成多个物料盒的摆放工作，在机器人 I/O 板上设定物料盒满载的输出信号，要求每次完成一个物料盒的摆放则将满载信号置为 1，只有在复位满载信号后才能进行下一次的摆放工作（可在 RobotStudio I/O 仿真器中进行模拟）。

20. 1.2.3 小节中的机器人回原点功能程序是否可以在任意机器人程序中进行调用？为什么？如果 ActualPos 与 ComparePos 不在同一个工件坐标下，会出现什么问题？

21. 修改 1.3.2 小节搬运项目例程中子程序 rDefinePos，要求：

(1) 实现圆形物料的优先抓取。

(2) 当料盒放满时机器人必须暂停，更换料盒后继续运行。

(3) 如果将方形料盒绕 z 方向旋转 45° 放置，如何以最快的方式修改程序实现抓放？

22. 如图 1-33 所示，要求机器人在抓取物料后使用单独旋转一轴 45° 的方式移动至料盒上方。

图 1-33　使用单轴转动

工业机器人码垛工作站

2.1 项目介绍

1. 概述

码垛指将货物按照一定的摆放顺序与层次整齐地堆叠好。随着科技的进步以及现代化进程的加快，人们对码垛搬运速度的要求越来越高，传统的人工码垛已经远远不能满足工业的需求，机器人码垛应运而生。使用工业机器人进行码垛可以代替人们在危险、有毒、低温、高热等恶劣环境中工作，帮助人们完成繁重、单调、重复的劳动，提高劳动生产率，保证产品质量。机器人码垛工作能力强、适用范围大、占地空间小、灵活性高、成本低以及维护方便等多个方面的优势使其应用渐为广泛，并成为一种发展趋势。

2. 学习目标

(1) 能够准确定义机器人码垛放置目标点。

(2) 掌握数组、中断、RelTool 等相关指令或功能的运用。

(3) 能够完成程序的调试并合理规划机器人运动路径。

3. 项目分析

码垛工作站如图 2-1 所示，本工作站涉及三条传送带的物料传输，规定物料先到先抓。物料的码垛方式如图 2-2 所示，由图可知其呈"回"字形。

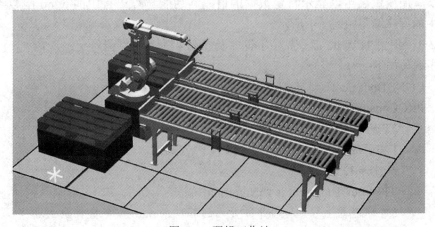

图 2-1　码垛工作站

图 2-2　物料码垛方式

在编写运动指令时，需注意物料码垛放置点的位置、工件坐标的设置及如何使用中断指令实现先到先抓的运行顺序；在搬运至码盘的过程中，需合理规划运动路径，避免碰撞。除了完成基本的码垛动作外，还需注意码盘满载、码盘更换等相关信号的处理及中断指令的正确使用。

为了完成本项目中机器人程序的编写，在知识链接中我们将对涉及的编程技巧及相关RAPID 指令、功能、数据类型的使用方法进行讲解。

2.2　知 识 链 接

2.2.1　码垛项目相关指令及其应用

本节将讲解在本次码垛项目中可能会用到的一些功能指令及编程技巧，其中包括速度参数、载荷参数的设置，数组、中断指令的应用等。

1. 写入 FlexPendant 示教器的通信指令 TPWrite

(1) 为方便操作人员掌握机器人执行任务情况，我们可调用示教器通信指令 TPWrite，在 FlexPendant 示教器人机交互界面上显示相关信息。除了显示字符串类型外，在字符串后也可以添加变量名用以显示特定数据的值，其功能与 C 语言中的 printf 函数类似。在RAPID 中的程序编写如例 2-1 所示。

例 2-1　使用 TPWrite 指令显示字符串及 num 型变量的结果。

程序编写如下：

```
CONST pos pos1 := [15,43,24];
PROC main()
    TPWrite "Hello world";
    ! 在示教器上写入 Hello world
    reg1 := 12 * 20;
    TPWrite "The result is :"\Num:=reg1;
    ! 在示教器上写入字符串并显示运算结果 num 型变量 reg1 的值
    TPWrite "The position is :"\Pos:=pos1;
```

　　! 在示教器上写入字符串并显示运算结果 pos 型变量 pos1 的坐标值
　　ENDPROC
　　例 2-1 的运行结果如图 2-3 所示，写入的信息在人机交互界面显示，单击图中框起来的人机交互按钮可以再次调出写入信息。

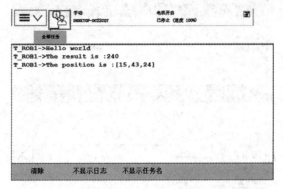

图 2-3　TPWrite 运行结果

　　(2) 示教器中 TPWrite 的调用方法。如图 2-4 所示，在"添加指令"菜单中选择"Communicate"通信选项面板即可找到"TPWrite"指令。如图 2-5(a) 所示，在"编辑"菜单中选择"ABC"选项即可开始编辑文本。如需在文本后显示相应数值，则单击"可选变元"选项，将"\Num"指令修改为"已使用"。用户可根据自己需要选择数据，如图 2-5 (b) 、(c) 所示。

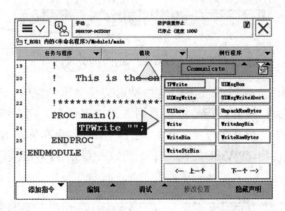

图 2-4　示教器中 TPWrite 指令的调用

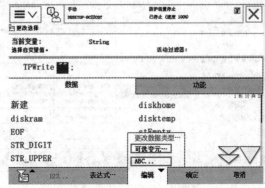

（a）TPWrite指令编辑

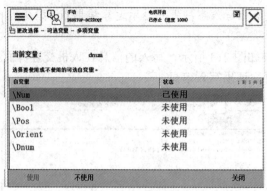

（b）TPWrite变量调用

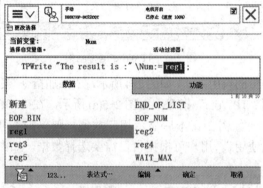

（c）TPWrite定义变量

图 2-5　TPWrite 输出字符定义

　　当示教器屏幕输出内容过多或需要单独显示某些文本信息时，可使用"TPErase"清屏指令（如图 2-6 所示），清除该指令前所有写入的文本信息。在人机交互界面选择"清除"选项亦可实现清屏操作。当几个任务同时使用 TPWrite 指令在屏幕显示信息时可能出现信息混乱，因此在频繁使用 TPWrite 的情况下，建议在每条 TPWrite 指令之间设置一定的等待时间。

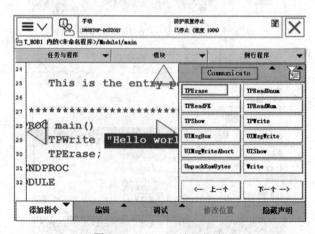

图 2-6　TPErase 清屏指令

2. 从 FlexPendant 示教器中读取编号的指令 TPRead

与 TPWrite 指令功能相反的 TPRead 指令用于将数据写入 FlexPendant 示教器显示器。与 TPWrite 指令相同，TPRead 指令显示的字符串最长为 80 个字节，屏幕每行可显示 40 个字节。TPRead 的功能与 C 语言中的 scanf 函数类似。由于 TPRead 指令的操作是基于示教器来实现的，因此下面结合示教器的操作进行讲解。

如图 2-7 所示，在"添加指令"菜单中选择"Communicate"选项即可找到三个相关指令，其中 TPReadNum 与 TPReadDnum 的功能完全相同，只是最终存储输入数据的类型存在差异。TPReadNum 指令最终存储输入数据的类型为 num 型，而 TPReadDnum 的为 dnum 型。这里以 TPReadNum 为例，程序的编写如例 2-2 所示。

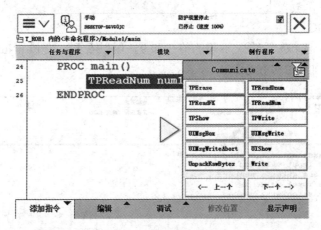

图 2-7 TPRead 系列指令

TPReadNum 的设置可以简单地分为 TPAnswer 与 TPText 两个部分。TPAnswer 是用于存储 FlexPendant 示教器输入的数据，如图 2-8 中的 num1；TPText 为待写入 FlexPendant 示教器的信息文本，如图 2-8 引号中的内容，一般用于提示用户输入数据的意义。当语句被执行后，程序立即进入等待状态，直至从 FlexPendant 示教器上的数字键盘输入编号（如图 2-9 所示），将该数据存储在预先选定的变量中。

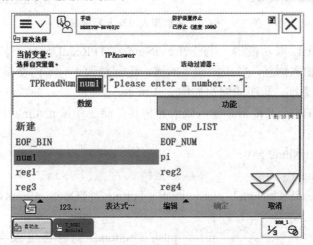

图 2-8 TPReadNum 的基本组成

例 2-2 使用 TPReadNum 指令输入数值并将其存储在变量 nNum1 中。

程序编写如下：

VAR num nNum1 := 0;

PROC main()

　　TPReadNum nNum1, " please enter a number...";

　　! 在示教器上写入 "please enter a number..."，并将输入存储在变量 nNum1 中

　　WaitTime 1;

　　TPWrite "The input value is "\Num:=nNum1;

　　! 为了能更直观地观察到 nNum1 值的变化，等待 1 s 后使用 TPWrite 指令将值写入到示教器上。

ENDPROC

将程序运行两遍，先后输入不同的值 3 和 9。可以看到，变量 nNum1 随着输入值的变化而同步变化，如图 2-9 所示。

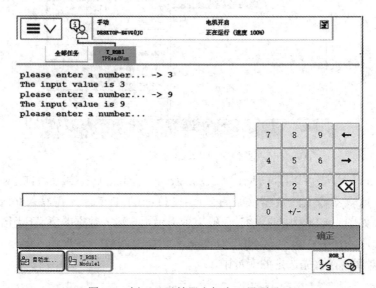

图 2-9　例 2-2 示教器人机交互界面显示

TPReadFK 用于读取功能键。与 TPReadNum 和 TPReadDnum 不同的是，TPReadFK 通过功能键来选择输入信息，并根据按下的键，返回数值 1 ~ 5 的变量，即若按下功能键 1，则返回 1，以此类推。程序的编写如例 2-3 所示。

例 2-3 使用 TPReadFK 指令输入数值并将其存储在变量 nNum2 中。

程序编写如下：

VAR num nNum2 := 0;

PROC main()

　　TPReadFK nNum2,"please push a button...", "One", stEmpty, "Three", stEmpty, "Five";

　　! 在示教器上写入 "please push a button..."，并将输入存储在变量 nNum2 中，再将 5 个功能键中的 1、3、5 号功能键命名为 One、Three、Five。其中，

stEmpty 表示该功能键不启用

  WaitTime 1;

  TPWrite "The input value is "\Num:=nNum2;

  !1 s 后使用 TPWrite 指令将 nNum2 的值写入到示教器上

ENDPROC

  同样将程序运行两遍,先后按下不同的按钮 One 和 Three。可以看到,变量 nNum2 随着按下按钮的变化而同步变化,如图 2-10 所示。

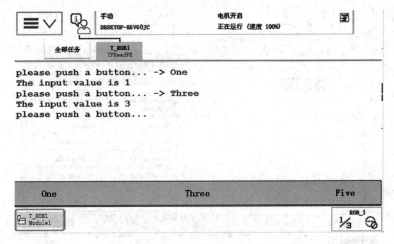

图 2-10 例 2-3 示教器人机交互界面显示

3. 计时指令

  (1) 机器人在执行生产任务时需要记录运行时间以便控制生产节奏,在机器人控制指令中设有以 Clk 开头的计时专用指令,如 ClkStart、ClkStop、ClkRead 等。

  在使用计时功能之前必须创建一个时钟数据类型的变量,用于存储计时时间;在计时结束后,需要使用 ClkRead 指令读取计时数据并存入 num 型变量。具体步骤如下:

  ① 创建时钟类型变量;

  ② 复位后开始计时;

  ③ 开始运行需要计时的程序;

  ④ 停止计时后读取计时数据。

程序编写如下:

  VAR num nCycleTime;

  ! 创建一个 num 类型的变量用以存储计时数据

  VAR clock TimerCycle;

  ! 声明一个时钟数据类型的变量

  ClkReset TimerCycle;

  ! 计时复位

  ClkStart TimerCycle;

  ! 开始计时

  …

! 需要被计时的机器人运行程序

ClkStop TimerCycle;

! 计时停止

 nCycleTime := ClkRead(TimerCycle);

! 以秒为单位的计时数据读取，并将其存入 num 型数据中

(2) 示教器中计时指令的调用方法：如图 2-11 所示，在计数功能相关指令 "System&Time" 中可对相关计时功能进行调用。

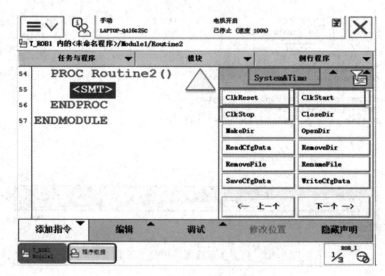

图 2-11 在示教器中调用计时相关指令

4. speeddata 的设定

(1) speeddata 用于规定机械臂和外轴开始移动时的速度。speeddata 中各参数的说明如表 2-1 所示。实际上在没有外轴的情况下，只需对 v_tcp 进行设定即可控制机器人的运行速度。

表 2-1 speeddata 中各参数的说明

名称	说　明	单位
v_tcp	工具中心点的速度	mm/s
v_ori	TCP 的重新定位速度	°/s
v_leax	线性外轴的速度	mm/s
v_reax	旋转外轴的速度	°/s

在 ABB 工业机器人系统中已经定义了一系列速度数据，如图 2-12 中的 v10、v100、v1000 等速度值。在帮助中对 speeddata 进行查找，如表 2-2 所示，可以看到其速度值只对工件中心的移动速度 v_tcp 进行了重新定义。因此，在有外轴的情况下，需要在程序数据中创建新的 speeddata 来重新定义外轴速度。

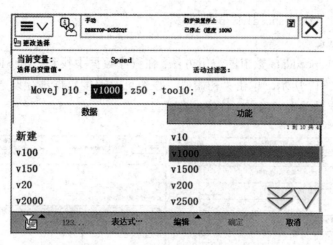

图 2-12　在示教器中设定外轴速度

表 2-2　已定义速度的参数说明

名称	TCP 速度 / (mm/s)	方向 /(°/s)	线性外轴 /(mm/s)	旋转外轴 /(°/s)
v5	5	500	5000	1000
v10	10	500	5000	1000
v20	20	500	5000	1000
v30	30	500	5000	1000
v40	40	500	5000	1000
v50	50	500	5000	1000
v60	60	500	5000	1000
v80	800	500	5000	1000
v100	100	500	5000	1000

在实际应用中，不同的运动状况需要为机器人定义不同的速度，速度值的大小根据现场情况不断调整。与项目一中对可变量工件坐标的设定类似，提前创建 speeddata 可变量（或变量）可方便随时在程序数据中进行修改，具体调用与表达方式如例 2-4 所示。

例 2-4　速度数据的调用与重新定义。

程序编写如下：

VAR speeddata speed1 := [1000, 30, 200, 15];

!定义一个变量 speed1 及其速度数据

PROC main()

　　speed1.v_tcp:= 900;

　　!在没有外轴的情况下我们只关心 TCP 的速度。与调用 robtarget 中参数的方法相同，speed1.v_tcp 用于调用 speed1 的 TCP 速度并将其更改为 900 mm/s

　　MoveJ p10, speed1, z50, tool0;

!使用速度 speed1 向 p10 点移动

ENDPROC

(2) 示教器中 speeddata 数值的编辑方法：在程序数据中找到"speeddata"，定义名称及模块后，如图 2-13 所示，单击"初始值"按钮可对速度数据进行设定；根据实际情况对速度值进行设定后单击"确定"按钮保存即可。

(a) 创建 speeddata 数据　　　　　　　　(b) speeddata 下速度值的重新定义

图 2-13　在示教器中创建 speeddata 数据

5. 有效载荷 loaddata 的设定

(1) loaddata 是用来描述安装到机器人法兰盘上的负载的数据，通常情况下会作为 tooldata 的一部分。对于搬运应用的机器人，必须在 tooldata 中正确设定工具的质量、重心。带焊枪的焊接机器人或者质量较小的物料搬运机器人，由于其工具质量偏小，一般不需要特别设定此部分参数。

定义的载荷会被用来建立一个机器人的动力学模型，使机器人以最好的方式控制运动，不正确的负载数据会使机器人的机械结构超载，还会导致以下问题：

① 机器人不会使用它的最大载重量；

② 机器人运动路径精度将受到影响，并有可能存在过冲的风险 (即伺服电机的惯量匹配不恰当所引起的伺服电机 PID 闭环超调振荡)；

③ 机械单元过载的风险。

因此应重视 tooldata 与 loaddata 的重要性，在正确设定数据后，机器人在进行运动运算时能更好地进行各轴扭矩的控制，也可有效地防止输出功率过大或过小对其电机和机构的异常损坏。

在搬运及码垛的机器人应用中，当机器人已抓取较大质量的物料时，其载荷参数实际上已产生变化，而 tooldata 下已有的工具载荷参数将无法与当前状态相匹配。这种情况下必须定义新的 loaddata，并在抓取物料时通过指令 gripload 对它进行调用，具体定义方式如例 2-5 所示。

例 2-5　如图 2-14 所示，有一个规格为 560 mm × 370 mm × 200 mm 的长方体工件，质量为 30 kg，现用吸盘工具吸附此工件进行搬运工作。

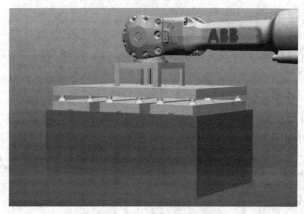

图 2-14 机器人搬运工件

有效载荷数据的参数含义如表 2-3 所示。

表 2-3 loaddata 参数定义

名 称	参 数	单 位
有效载荷质量	load.mass	kg
有效载荷重心	load.cog.x load.cog.y load.cog.z	mm
力矩轴方向	load.aom.q1 load.aom.q2 load.aom.q3 load.aom.q4	
有效载荷的转动惯量	ix iy iz	$kg \cdot m^2$

程序编写如下：

TASK PERS loaddata load1 := [30,[0,0,100],[1,0,0,0],0,0,0];

! 设定 load.mass 为 30 kg，重心相对于工具坐标 tGriptool z 方向的偏移量 load.cog.z 为 100 mm

CONST robtarget Ppick := [[*,*,*],[*,*,*,*],[1,0,0,0],[9E9,9E9,9E9,9E9,9E9,9E9]];

PROC main()

  Set doGripper；

  ! 吸盘开始吸附，吸取工件

  WaitTime 0.3；

  Gripload load1；

  ! 指定当前对象的质量和重心

  MoveJ Offs (Ppick,0,0,50), v1000, z50, tGriptool；

  MoveJ Ppick, v1000, fine, tGriptool；

  Reset doGripper

  ! 关闭吸盘，放下工件

WaitTime 0.3;

Gripload load0;

! 将搬运对象重新设为 load0

ENDPROC

(2) 示教器中 loaddata 的编辑方法：如图 2-15 (a) 所示，在"手动操纵"选项下选择"有效载荷"，在弹出图 2-15 (b) 中单击"新建"按钮创建新的有效载荷。修改名称或者更改完声明之后单击"初始值"按钮可对有效载荷进行设定，如图 2-15(c)、(d) 所示。

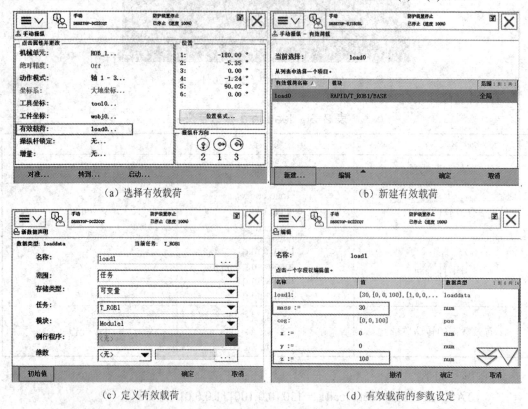

（a）选择有效载荷　　　　　　　　（b）新建有效载荷

（c）定义有效载荷　　　　　　　　（d）有效载荷的参数设定

图 2-15　示教器中有效载荷的定义

6. 工具坐标相关功能 RelTool 的使用

(1) 在机器人码垛过程中，根据物料码垛要求经常需要对物料沿着竖直方向进行旋转，当工具坐标方向与法兰盘坐标 z 方向一致时，可以使用单转第 6 轴的方式实现；当工具坐标方向与法兰盘坐标 z 方向不一致时，可以使用 RelTool 功能实现相对工具坐标系的位移和 (或) 旋转。

与 Offs 功能相比较，RelTool 功能除了能使机器人沿着工具坐标 x、y、z 方向进行偏移外，还可以实现 x、y、z 方向的旋转动作，而 Offs 功能只能实现 wobj 工件坐标方向上的偏移。RelTool 相关的程序编写方法如例 2-6、例 2-7 所示。

例 2-6　已知目标点 p1，移动 p1 点至 Mytool 坐标 z 轴负方向 100 mm (Mytool 坐标方向如图 2-16 所示)，程序编写如下：

MoveL RelTool (p1,0,0,-100) ,v1000,z50,tool0;

图 2-16　工具坐标示例

例 2-7　若以 p1 为基准点绕工具坐标 z 方向旋转 90°，程序编写如下：

MoveJ RelTool (p1,0,0,0\Rz:=90) ,v1000,z50,tool0;

(2) 示教器中 RelTool 功能的调用方法：如图 2-17 (a) 所示，单击需要位移或者旋转的点，在"功能"菜单下选择"RelTool"选项。

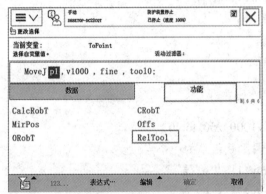
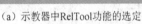
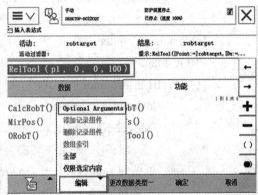

（a）示教器中RelTool功能的选定　　　　　（b）示教器中RelTool可选功能的设定

图 2-17　示教器中 RelTool 功能的调用

如图 2-17 (b) 所示，如需添加旋转功能，单击输入框中的"RelTool"，将其全部选中，然后单击"编辑"菜单，会发现"Optional Arguments"选项已经高亮显示，单击该选项即可添加各方向上的旋转功能，如图 2-18 (a) 所示。如将 Rz 的状态更改为"使用"，输入转动角度即可实现绕工具坐标 z 方向正向旋转 90°的功能，如图 2-18 (b) 所示。

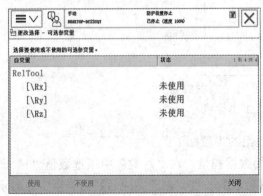
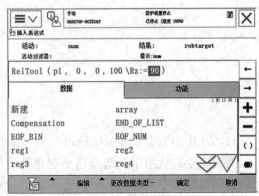

（a）RelTool可选参变量的选定　　　　　（b）RelTool可选参变量角度的设定

图 2-18　示教器中 RelTool 转动角度的设定

7. 数组的应用

数组是将相同数据类型的元素按一定顺序排列的集合，可按照排列号码进行调用。灵活地运用数组可以让程序简化、高效。所有类型的数据都可以创建数组，在 ABB 机器人编程系统中可创建的数组维数最高为三维。与其他语言不同的是，ABB 机器人编程系统中数组的起始序号为 1 而不是 0，具体的应用方式如例 2-8 所示。

例 2-8　利用一维数组存储点位，完成如图 2-19 所示的方形轨迹。

程序编写如下：

```
CONST robtarget p1；
CONST robtarget p2；
CONST robtarget p3；
CONST robtarget p4；
CONST robtarget pArray{5} := [p1,p2,p3,p4,p1]；
! 定义一个 5 个目标点类型的一维数组
VAR num nCounter := 0；
PROC main()
    WHILE nCounter < 5 DO
        nCounter := nCounter + 1；
        MoveL pArray{nCounter}, v1000, z50, tool0；
        !5 次循环，每次循环都会调用数组中的一个点位
        ! 当 nCounter = 1 时，pArray{1} 为 p1 点
        ! 当 nCounter = 2 时，pArray{2} 为 p2 点
        ! 当 nCounter = 3 时，pArray{3} 为 p3 点
        !…依次类推
    ENDWHILE
ENDPROC
```

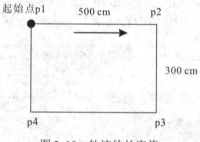

图 2-19　轨迹的长宽值

(1) 使用示教器创建 robtarget 型的一维数组的步骤如下：

如图 2-20 (a) 所示，选择需要创建数组的数据类型，在"维数"中填选数值"1"即可创建该数据类型的一维数组；然后输入一维数组的长度，创建完成后数据类型中会显示"数组"字样，如图 2-20 (b) 所示；单击图 2-20 (b) 当前数据进入编辑组界面，可修改各个元素的值或单击"修改位置"按钮可定义目标点，如图 2-20 (c) 所示。

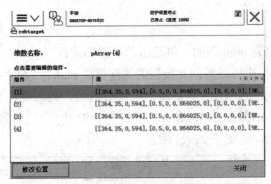

（a）示教器中一维数组定义　　　　　　　（b）一维数组定义完成

（c）一维数组各元素位置值

图 2-20　示教器中一维数组的设定

当数据较多时，可以使用二维数组排列数据，具体使用方法如例 2-9 所示。

例 2-9　使用二维数组的赋值方法。

　　CONST num array{2,3} := [[10,13,11],[16,12,9]];

　　VAR num nNum := 0;

　　PROC rCalculate()

　　　　nNum := array{1,2};

　　　　! 数组 array {1,2}，即将第一个数组块 [10,13,11] 中的第二个值 13 赋值给变量 nNum

　　ENDPROC

在搬运或码垛中，可以使用二维数组创建所有点位偏移量的集合，这样可以有效地简化程序，编程方法如例 2-10 所示。

例 2-10　利用二维数组存储偏移值，完成例 2-8 中的方形轨迹（如图 2-19 所示）。

程序编写如下：

　　CONST robtarget p1;

　　PERS num nPos {5,2}:= [[0,0],[500,0],[500,-300],[0,-300],[0,0]];

　　! 定义一个 {5,2} 的二维数组，用于存储 5 个点位的基于 p1 点 x、y 方向的偏移值

　　VAR num nCounter := 0;

```
PROC main()
    WHILE nCounter < 5 DO
        nCounter : = nCounter + 1;
        MoveL Offs(p1, nPos{nCounter, 1}, nPos{nCounter, 2}, 0),v1000,fine,tool0;
        !5 次循环，每次循环都会将数组中的每组数值用作 x、y 偏移
        ! 当 nCounter = 1 时，x 方向的偏移 nPos{1,1} 为 0，y 方向的偏移 nPos{1,2} 为 0
        ! 当 nCounter = 2 时，x 方向的偏移 nPos{2,1} 为 500，y 方向的偏移
nPos{2, 2} 为 0
        ! 当 nCounter = 3 时，x 方向的偏移 nPos{3, 1} 为 500，y 方向的偏移
nPos{3, 2} 为 -300
        !…依此类推
    ENDWHILE
ENDPROC
```

(2) 使用示教器创建 num 型的二维数组的步骤如下：

如图 2-21 (a) 所示，选择需要创建数组的数据类型 num 后，在"维数"中填选数值"2"即可创建该数据类型的二维数组；然后输入二维数组的行列长度，创建完成后数据类型中会显示"数组"字样，如图 2-21 (b) 所示；单击图 2-21 (b) 中当前数据进入编辑组件界面，可以修改各个元素的值，如图 2-21 (c) 所示。

（a）示教器中二维数组定义

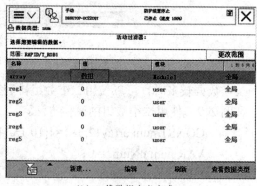

（b）二维数组定义完成

（c）二维数组各元素值

图 2-21　示教器中二维数组的设定

8. 中断程序的应用

(1) 在机器人正常的程序运行中，程序指针默认从上往下依次执行程序语句。但在一些特殊的情况下，比如紧急停止，需要立即被执行，而正常的程序运行无法实现这种特殊需要。此时，调用中断指令可以实现运行指针立即跳转至相应的中断程序的功能，并且在执行完成后可重新跳转回被中断的正常运行程序行，继续执行后续程序。创建中断指令主要涉及三个步骤：

① 创建中断数据(中断符)：

VAR intnum intno1;

② 初始化中断符：

IDelete intno1;

!删除中断定义(可以理解为初始化)

CONNECT intno1 WITH testTRAP;

! 将已创建的中断符 intno1 与中断程序 testTRAP 相关联，当 intno1 被触发时，运行指针会跳转至 testTRAP

ISignalDI di1, 1, intno1;

! 将输入信号 di1 与中断符 intno1 相关联，当 di1 信号置为 1 时，中断符 intno1 被触发

注意：CONNECT 与 ISignalDI 的定义顺序不可颠倒。

③ 定义中断子程序：

TRAP testTRAP

　　reg1 := reg1 + 1;

ENDTRAP

中断程序运行过程：di1 被触发→中断符 intno1 被触发→跳转至中断子程序 testTRAP 并执行→完成后指针跳转回正常程序中断处继续往下执行。

例 2-11　以项目一中机器人的搬运程序为例，满载信号置为 1 后需等到当前料盒被取走，也就是料盒到位信号为 0 时将已满信号复位。下面以方形料盒信号控制为例，程序编写如下：

VAR intnum intno1;

PROC rInit()

!在初始化子程序中添加中断符初始化

　　…

IDelete intno1;

CONNECT intno1 WITH ResetFull;

ISignalDI di_BoxRecReady,0,intno1;

! 将 di_BoxRecReady 信号与已创建好的中断符 intno1 相关联，当 di_BoxRecReady 置为 0 时，也就是料盒被取走时，触发中断符 intno1

　　…

ENDPROC

TRAP ResetFull

！定义中断子程序

　　RESET do_BoxRecFull；

ENDTRAP

(2) 示教器中中断指令的调用方法：在调用中断指令前，首先在"数据类型"中找到中断数据"intnum"并创建一个中断数据变量"INTN0"，如图 2-22 所示，中断数据的数据类型必须为变量；单击"添加指令"按钮，在"Interrupts"菜单中能找到所有的中断相关指令，如图 2-23 所示。

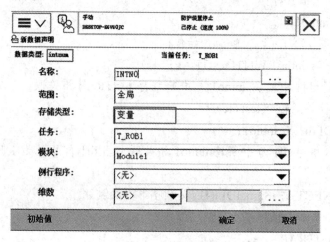

图 2-22　创建中断数据

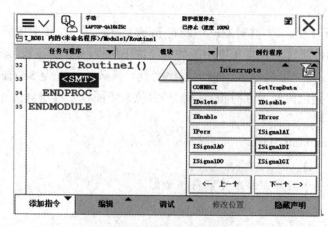

图 2-23　示教器中断相关指令

中断程序的创建与普通例行程序的创建完全一致，只需将"类型"更改为"中断"即可，如图 2-24 (a) 所示。创建完成后的中断程序如图 2-24 (b) 所示，添加指令的方式与普通例行程序的完全相同。

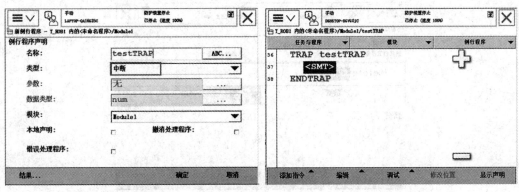

(a) 定义中断程序　　　　　　　　　(b) 中断程序定义完成

图 2-24　创建中断程序

在中断程序和中断数据创建完成后，就可以开始配置中断指令了。第一步，选择 CONNECT 指令将中断数据与中断程序相关联，如图 2-25 (a) 所示，单击"<VAR>"选择创建好的中断数据 (INTN0)，单击"<ID>"选择创建好的中断程序 (testTRAP) 完成关联。第二步，选择 ISignalDI 指令，定义数字输入信号 (DI) 作为中断触发信号，如图 2-25 (b) 所示，单击第一个"<EXP>"，选择需要的触发信号；其后的"1"为触发信号值 (也可以将其更改为"0")，当触发信号达到设定的状态值时，中断程序将会被触发；第二个"<EXP>"为中断数据名称，填入在 CONNECT 中关联好的中断数据即可；"Single"为单次中断信号开关，启用时则中断功能在单次触发后失效，禁用时则中断功能持续有效，只在程序重置或者运行指令 IDelete 后失效。在 ISignalDI 配置完成后，再次单击指令语句，通过"可选变量"实现启用或禁用功能。

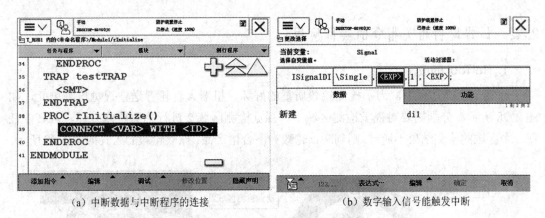

(a) 中断数据与中断程序的连接　　　　　(b) 数字输入信号能触发中断

图 2-25　中断程序的初始化配置

当一个中断数据完成连接后，不允许将其再次连接到任何一个中断处理程序。在执行指令 IDelete 后，中断数据的连接会被完全清除，如需再次使用，则必须重新使用指令 CONNECT 将其连接到相应的中断处理程序。通常，在使用中断数据前，会先将该中断数据的连接清除，避免出现错误。因此我们需要在每次连接之前使用 IDelete 指令。选择"IDelete"指令，单击"<EXP>"即可设置相应的中断信号，如图 2-26 所示。最终配置完成的结果如图 2-27 所示。

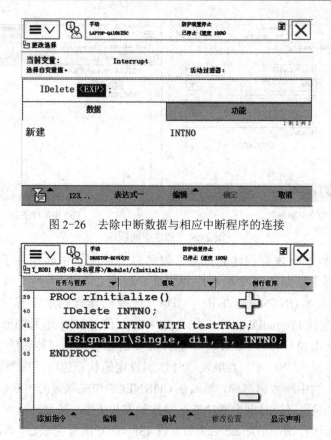

图 2-26　去除中断数据与相应中断程序的连接

图 2-27　中断程序初始化配置完成

2.2.2　码垛项目相关指令的实际应用

1. RelTool 的应用

在某一生产过程中，为了检测轮毂质量的好坏，机器人将轮毂送往视觉检测单元，如图 2-28 所示，分别需要对视觉检测区域 1 与视觉检测区域 2 进行拍照检测处理，若其中任何一个区域的检测结果不通过，则判断该轮毂为不合格产品。抓取轮毂的工具如图 2-29 所示。

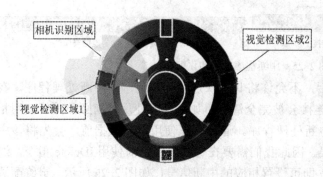

图 2-28　轮毂检测区域示意图

图 2-29　轮毂拾取工具

机器人运动部分程序如下：

```
CONST robtarget pCam;
PROC main()
    MoveJ RelTool(pCam,0,0,-500),v1000,z50,tool0;
```
! 沿工具坐标 tool0 的 z 轴负方向，将机械臂移动至距 pCam 点 500 mm 的位置，即到达拍照等待点
```
    MoveL pCam, v1000,fine,tool0;
```
! 运动至相机拍照点，对视觉检测区域 1 进行识别
```
    Set DoCam;
```
! 置位外部信号，触发相机拍照进行识别
```
    WaitTime 2;
```
! 等待相机识别完成
```
    Reset DoCam;
```
! 复位外部信号，以便下次触发拍照进行识别
```
    MoveJ RelTool(pCam,0,0,0\Rz:=165),v1000,z50,tool0;
```
! 将视觉检测区域 2 旋转至相机识别区域，旋转时需要注意其旋转方向
```
    Set DoCam;
    WaitTime 2;
    Reset DoCam;
    MoveL RelTool(pCam,0,0,-500),v1000,z50,tool0;
```
! 回到拍照等待点
```
ENDPROC
```

本例中使用的工具，其工具坐标的方向与法兰盘上坐标的方向一致，这种情况下旋转功能也可使用单转第 6 轴来实现，但这种方法在程序的编写上会较为繁琐。

2. 使用数组的搬运程序的编写

例 2-12　在一个 3 行 2 列的仓库 (如图 2-30 所示) 中有 6 个轮毂，使用工业机器人对其进行拾取或放置。

图 2-30　轮毂仓库

程序编写如下：

```
CONST robtarget pStore{6} := [p1,p2,p3,p4,p5,p6];
```
! 建立包含 6 个元素的一维数组，分别为 6 个轮毂 robtarget 抓取目标点 p1, p2, p3, p4, p5, p6

```
PERS num Numstore;
```
! 定义存储轮毂号

```
PROC main()
    rHubnum;
```
! 调用要抓的轮毂

```
    rStore;
```
! 抓取轮毂

```
ENDPROC
```

```
PROC rStore()
    MoveJ pHome,v200,z50,tool0;
```
! 定义机器人等待点 pHome 点

```
    MoveJ Offs(pStore{Numstore},120,0,40),v200,fine,tool0;
```
! 由于此机器人工作站布置较为紧凑，为避免机器人与仓库发生碰撞，其移动轨迹需合理规划

! 机器人移动至相对轮毂抓取点偏移 (120，0，40) 处

```
    MoveL Offs(pStore{Numstore},0,0,40),v50,fine,tool0;
```
! 机器人移动至该轮毂抓取点正上方 40 mm 处

```
    MoveL pStore{Numstore},v20,fine,tool0;
```
! 到达该轮毂抓取点

```
    Set di_vaccumn;
```
! 吸盘吸取轮毂

```
    WaitTime 1.5;
```
! 等待 1.5 s

```
    MoveL Offs(pStore{Numstore},0,0,30),v20,fine,tool0;
```
! 将轮毂向上提起 30 mm

```
    MoveJ Offs(pStore{Numstore},120,0,30),v200,fine,tool0;
```
! 移动至轮毂抓取偏移点 (120，0，30) 处

```
    MoveJ pHome, v200, z50, tool0;
```
! 移动至 pHome 点

```
ENDPROC
```

```
PROC rHubnum()
    Numstore := 1;
```
! 将要抓取的轮毂号赋值给 Numstore

ENDPROC

例 2-13 在某一流水线中，机器人以固定的节奏从传送带抓取产品，然后依次将产品分层码垛至指定位置，产品尺寸为 600 mm × 400 mm × 300 mm，物料码垛方式如图 2-31 所示，其中每层的码垛方向如图 2-32 所示。

图 2-31 机器人搬运工作站

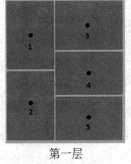 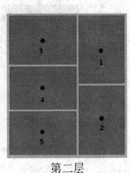

图 2-32 工件的摆放方式

利用 RelTool 功能，此处只需示教一个基准点 p1，然后利用偏移和旋转可以到达图 2-33 中 p1' 点的位置。如从 a 位置旋转至 b 位置，即绕工具坐标系 z 轴方向旋转 90°，再从 b 位置平移至 c 位置，即沿工具坐标系 x 轴负方向、y 轴负方向分别平移 500 mm 和 100 mm，可表示为：

p1':= RelTool (p1, -500, -100, 0\Rz = 90)；

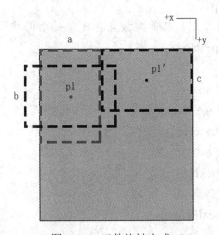

图 2-33 工件旋转方式

建立一个 {10,4} 的二维数组，用于存储一、二两层一共 10 个摆放位置，其中每组数据中有 4 项数值，分别代表 x、y、z 偏移值和 z 方向旋转角度。如对应 p1' 的数组元素为 [-500,-100,0,90]。

在机器人搬运过程中，为了尽可能缩短空运行时间，同时为了保证运动的平稳性与安全性，如图 2-34 所示，可以比较放置点 pPick 与抓取点 pPlace 在 z 方向上位置值的大小，以较高点的 z 值加上固定的提升高度来作为等待点 pPlaceH 和 pPickH 在 z 方向上的位置值，这样既可保证机器人移动路径的平稳性，同时可避免在码盘上产品码放到一定高度后与机器人发生碰撞。

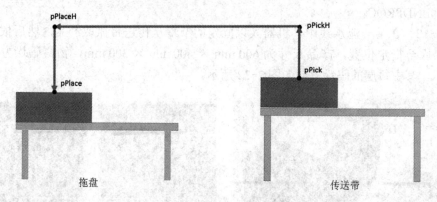

图 2-34　搬运高度示意图

由于码盘摆放位置的准确性或者其他因素的影响，通过偏移得到的放置位在现场产品码放中或多或少会出现一定的误差，这些误差会影响产品摆放位置的准确性，甚至发生碰撞。因此需要在各点位加入误差补偿，即建立一个 {10,2} 的二维数组，用于存储 10 个摆放位置的误差补偿，每组数据中有 2 项数值，分别代表以大地坐标为基准的 x、y 方向的偏移值。程序编写如下：

```
PERS num Num1 := 0;
CONST robtarget pHome;
CONST robtarget p1;
!第一个产品的摆放点，其他摆放点在此基础上偏移
CONST robtarget pPick;
!产品的抓取点
PERS robtarget pPlace;
!定义产品的摆放点
PERS robtarget pPlaceH;
!定义产品的摆放等待点
PERS robtarget pPickH;
!定义产品的抓取等待点
PERS robtarget pRealPlace;
!定义产品的实际摆放点
PERS num nPos {10,4} := [[0,0,0,0],[0,600,0,0],[-500,-100,0,90],[-500,300,0,90],
        [-500,700,0,90],[-100,-100,300,90],[-100,300,300,90],[-100,700,300,90],
    [-600,0,300,0], [-600,600,300,0]];
        !定义一个 {10, 4} 的数组，用于存储 10 个工件的 x、y、z 方向的偏移值和
旋转角度
    PERS num nComp {10,2} := [[0,0],[3,0],[0,4],[3,4],[3,8],[0,0],[4,0],[8,0],[0.3],[4,3]];
    !定义一个 {10, 2} 的数组，用于存储工件放置点在 x、y 方向的补偿值
PROC main()
    MoveJ pHome, v1000, z50, tool0;
```

```
    WHILE nNum < 10 DO
        nNum : = nNum + 1;
        ! 产品计数并作为数组的索引号调用数组值
        Reset DoGrip;
        rCalculate;
        ! 调用点位处理子程序
        rPick;
        ! 调用抓取子程序
        rPlace;
        ! 调用放置子程序
    ENDWHILE
ENDPROC


PROC rPick()
    MoveJ pPickH, v1000, z50, tool0;
    ! 到达抓取等待点
    MoveL pPick, v1000, fine, tool0;
    ! 到达抓取点
    Set DoGrip;
    ! 开启吸盘吸取产品
    WaitTime 0.3;
    ! 等待 0.3 s, 待吸盘完全吸附
    MoveL pPickH, v1000, z50, tool0;
    ! 回到抓取等待点
ENDPROC


PROC rPlace ()
    MoveJ pPlaceH, v1000, z50, tool0;
    ! 到达放置等待点
    MoveL pRealPlace, v1000, z50, tool0;
    ! 到达抓取点
    Reset DoGrip;
    WaitTime 0.3;
    MoveL pPlaceH, v1000, z50, tool0;
ENDPROC


PROC rCalculate ()
! 处理目标点位, 并重新赋值
    pPlace := RelTool(p1,nPos{nNum1,1}, nPos{nNum1,2}, nPos{nNum1,3}\Rz:=
```

nPos{nNum1,4});

！利用 RelTool 功能，调用 nPos 数组中当前抓取产品的 x、y、z 方向的偏移值以及绕工具 z 轴方向旋转的角度，并将其赋值给 pPlace

pRealPlace : = Offs(pPlace,nComp{Num1,1}, nComp{Num1,2}, 0);

！利用 Offs 功能，调用 nComp 数组中当前抓取产品的 x、y 方向的补偿值，并将其赋值给 pRealPlace

pPlaceH := Offs(pRealPlace,0,0,300);

pPickH := Offs(pPick,0,0,300);

IF pPlaceH.trans.z > pPickH.trans.z THEN

！判断两点的 z 值高度，应注意须在同一坐标下进行比较

pPickH.trans.z := pPlaceH.trans.z;

！将 pPlaceH 点的 z 值赋给 pPickH 点的 z 值

ELSE

pPlaceH.trans.z := pPickH.trans.z;

！将 pPlaceH 点的 z 值赋给 pPickH 点的 z 值

ENDIF
ENDPROC

2.3 项目实施

2.3.1 任务实施

与搬运项目实施方法的基本顺序相同，在编写程序之前应完成信号板及相关 I/O 信号的配置，工件、工具坐标的创建。在目标点较少的情况下，建议提前创建并示教所需要的机器人目标点；在数量较多的情况下，可在编写的同时创建。

1. 配置 I/O 单元及信号

根据工作站实际情况配置信号板，建立 I/O 信号。具体配置情况如表 2-4、表 2-5 所示。

表 2-4　配置 D651 信号板

I/O 板名称	I/O 板类型	工业网络通信方式	通信地址
D651	DSQC 651	DeveiceNet	63

表 2-5　配置 D651 相关 I/O 信号

信号名称	信号类型	信号所在 I/O 板	信号地址	备　注
di1_Box1InPos	数字输入	D651	1	1 号传送带物料到达机器人抓取位信号
di2_Box2InPos	数字输入	D651	2	2 号传送带物料到达机器人抓取位信号
di3_Box3InPos	数字输入	D651	3	3 号传送带物料到达机器人抓取位信号
di4_PalletInPosL	数字输入	D651	4	左侧码盘到位信号

续表

信号名称	信号类型	信号所在 I/O 板	信号地址	备　注
di5_PalletInPosR	数字输入	D651	5	右侧码盘到位信号
do1_VacuumOpen	数字输出	D651	32	打开真空
do2_PalletLFull	数字输出	D651	33	左侧码盘满载信号
do3_PalletRFull	数字输出	D651	34	右侧码盘满载信号
do4_CNVStart	数字输出	D651	35	三条流水线同时开始运行

2. 创建工具、工件坐标

创建工具坐标 Gripper，设置 tool0 沿 z 方向偏移 195 mm（如图 2-35 所示），mass 设置为 1 kg，重心设置为 10 mm。

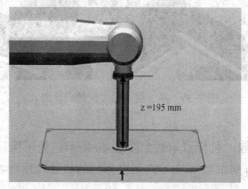

图 2-35　工件坐标位置

以左右码盘为基准，创建工件坐标 WobjL 与 WobjR。根据码垛方式的特点，分别将工件坐标创建在如图 2-36 所示码盘的右上角与左下角。创建工件坐标后可方便对左右两边使用相同的放置点偏移参数实现码垛。工件坐标下偏移参数的设置会在程序编写中进行详细的介绍。

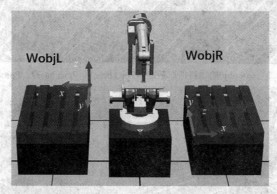

图 2-36　两工件坐标的位置

3. 码垛方式

物料的长、宽、高分别为 450 mm、150 mm、150 mm，如图 2-37 所示。这里选择回转形的码垛方式，如图 2-38 所示。以右边码盘为例，第一层与第二层的码垛方式如图 2-39 所示。

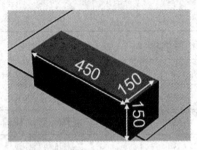

图 2-37　工件尺寸

图 2-38　工件码垛方式

图 2-39　第一层与第二层的码垛方式

4. 目标点示教

为完成方形物料码垛，目标点示教如图 2-40 所示。为了保证放置位的准确性，根据放置位呈 90° 的特征，分别示教 0° 与 90° 两个方向的放置目标点。

（a）工件坐标 wobj0 的物料抓取基准点 Ppickbase1、Ppickbase2、Ppickbase3

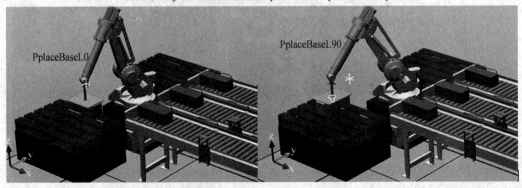

（b）左侧码盘工件坐标 WobjL 下的放置基准点 PplaceBaseL0、PplaceBaseL90

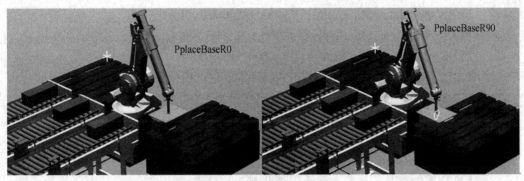

（c）右侧码盘工件坐标WobjR下的放置基准点PplaceBaseR0、PplaceBaseR90

图2-40　机器人目标点示数

2.3.2　程序编写及注释

1. 程序中参数的定义

程序中参数的定义如下：

```
MODULE Module1
CONST robtarget Ppickbase1 :=
[[*,*,*],[*,*,*,*],[-1,-1,0,0],[9E+09,9E+09,9E+09,9E+09,9E+09,9E+09]];
CONST robtarget Ppickbase2 :=
[[*,*,*],[*,*,*,*],[-1,-1,0,0],[9E+09,9E+09,9E+09,9E+09,9E+09,9E+09]];
CONST robtarget Ppickbase3 :=
[[*,*,*],[*,*,*,*],[0,-1,1,0],[9E+09,9E+09,9E+09,9E+09,9E+09,9E+09]];
CONST robtarget PplaceBaseL0 :=
[[*,*,*],[*,*,*,*],[-2,0,-1,0],[9E+09,9E+09,9E+09,9E+09,9E+09,9E+09]];
CONST robtarget PplaceBaseL90 :=
[[*,*,*],[*,*,*,*],[-2,-1,0,0],[9E+09,9E+09,9E+09,9E+09,9E+09,9E+09]];
CONST robtarget PplaceBaseR0 :=
[[*,*,*],[*,*,*,*],[1,-1,2,0],[9E+09,9E+09,9E+09,9E+09,9E+09,9E+09]];
CONST robtarget PplaceBaseR90 :=
[[*,*,*],[*,*,*,*],[0,-1,0,0],[9E+09,9E+09,9E+09,9E+09,9E+09,9E+09]];
VAR robtarget Pplace；
VAR robtarget Ppick；
VAR robtarget PplaceH；
VAR robtarget PpickH；
VAR robtarget PplaceBase0；
VAR robtarget PplaceBase90；
PERS wobjdata wobjLorR；
PERS loaddata LoadFull := [5,[0,0,250],[1,0,0,0],0,0,0]；
PERS speeddata vMinEmpty := [2000,500,5000,1000]；
```

```
PERS speeddata vMidEmpty := [3000,500,5000,1000];
PERS speeddata vMaxEmpty := [4000,500,5000,1000];
PERS speeddata vMinLoad := [1000,500,5000,1000];
PERS speeddata vMidLoad := [1500,500,5000,1000];
PERS speeddata vMaxLoad := [3000,500,5000,1000];
VAR num nPickH := 180;
VAR num nPlaceH := 180;
VAR num nCountTotal;
! 传送带输送物料计数，用于记录物料到达顺序
VAR num nCountPick;
! 机器人抓取物料计数，用于确定抓取位
VAR num nCountL;
! 左边码盘放置货物数量
VAR num nCountR;
! 右边码盘放置货物数量
VAR num nCountPos;
! 确定放置位计数
VAR num H;
VAR num nCNV;
VAR num nPallet; !nPallet=1 代表右边码盘
VAR num nCycleTime;
VAR bool bReady := FALSE;
VAR intnum iCNV1;
VAR intnum iCNV2;
VAR intnum iCNV3;
VAR intnum iPallet_L;
VAR intnum iPallet_R;
VAR clock TimerCycle;
VAR triggdata VacuumOpen;
VAR num QueueCNV{32};
PERS num Compensation{16,3} :=
[[0,0,0],[0,0,0],[0,0,0],[0,0,0],[0,0,0],[0,0,0],[0,0,0],[0,0,0],[0,0,0],[0,0,0],[0,0,0],[0,0,0],[0,0,0],[0,0,0],[0,0,0],[0,0,0]];
```

2. 主程序

主程序如下：

```
PROC main()
    rInit;
    WHILE TRUE DO
```

```
            rCycleCheck；
            IF bReady THEN
                rPick；
                rPlace；
            ENDIF
            WaitTime 0.3；
        ENDWHILE
    ENDPROC
```

3. 初始化程序

初始化程序如下：

```
    PROC rInit()
        IDelete iCNV1；
        CONNECT iCNV1 WITH testCNV1；
        ISignalDI di1_Box1InPos, 1, iCNV1；

        IDelete iCNV2；
        CONNECT iCNV2 WITH testCNV2；
        ISignalDI di2_Box2InPos, 1, iCNV2；

        IDelete iCNV3；
        CONNECT iCNV3 WITH testCNV3；
        ISignalDI di3_Box3InPos, 1, iCNV3；

        IDelete iPallet_L；
        CONNECT iPallet_L WITH tReadyPallet_L；
        ISignalDI di4_PalletInPosL,0,iPallet_L；

        IDelete iPallet_R；
        CONNECT iPallet_R WITH tReadyPallet_R；
        ISignalDI di5_PalletInPosR,0,iPallet_R；
        !将与三个传送带的到达信号及左右码盘的到达信号相关联的中断信号初始化
        TriggEquip VacuumOpen,20,0.1\DOp:=do1_VacuumOpen,1；
        Reset do1_VacuumOpen；
        !复位吸盘打开信号
        Set do4_CNVStart；
        !置位传送带开始信号，这里由机器人控制传送带的启动，在机器人程序运
行时触发此信号，也可在示教器上设置触发此信号的按钮
        rCheckHomePos；
```

```
        ENDPROC
```

4. 抓取判断程序

抓取判断程序如下：

```
    PROC rCycleCheck()
        TPErase;
        TPWrite "The Robot is running!";
        TPWrite "Last cycle time is: "\Num:=nCycleTime;
        TPWrite "The number of the Boxes in the Left pallet is:"\Num:=nCountL;
        TPWrite "The number of the Boxes in the Right pallet is:"\Num:=nCountR;
        TPWrite "The number of the Boxes waitting on conveyer belt now:"\Num :=
nCountTotal - nCountL - nCountR;
        IF nCountR = 16 THEN
            set do3_PalletRFull;
            nCountR := 0;
```

! 判断右边码盘是否满载，若满载则输出已满信号 do3_PalletRFull，并将右边物料计数恢复初始值 0

```
        ENDIF
        IF nCountL = 16 THEN
            set do2_PalletLFull;
            nCountL := 0;
```

! 判断左边码盘是否满载，若满载则输出已满信号 do2_PalletLFull，并将左边物料计数恢复初始值 0

```
        ENDIF
        IF nCountPick = 32 THEN
            nCountPick := 0;
```

! 判断机器人总抓取数量

```
        ENDIF
        IF do3_PalletRFull = 0 AND di5_PalletInPosR = 1 AND (di1_Box1InPos = 1 OR
di2_Box2InPos = 1 OR di3_Box3InPos = 1) THEN
```

! 判断当前条件是否满足，即右边码盘没有满载、右边码盘已到位、三个传送带中任意一个已传送物料至机器人抓取位这三个条件

```
            bReady := TRUE;
```

! 抓取条件已满足，可实施抓取

```
            PplaceBase90 := PplacebaseR90;
            PplaceBase0 := PplacebaseR0;
```

! 90° 及 0° 初始放置点赋值为右边码盘初始放置点

```
            Incr nCountR;
```

! 右边码盘计数加一

```
            Incr nCountPick；
            !已抓取物料数量加一
            nCountPos := nCountR；
            !赋值右边码盘计数至 nCountPos，用于在子程序 rCalculatePos 中判断
        码垛放置位
             wobjLorR := WobjR；
            !确定工件坐标为右边码盘对应工件坐标
            nPallet := 1；
            !确定在右边码盘上实施放置动作
        ELSEIF do2_PalletLFull = 0 AND di4_PalletInPosL = 1 AND (di1_Box1InPos = 1
    OR di2_Box2InPos = 1 OR di3_Box3InPos = 1) THEN
            !判断当前条件是否满足，即左边码盘没有满载、左边码盘已到位、三个传
        送带任意一个已传送物料至机器人抓取位这三个条件
            bReady := TRUE；
            !抓取条件已满足，可实施抓取
            PplaceBase90 := PplacebaseL90；
            PplaceBase0 := PplacebaseL0；
            !90° 及 0° 初始放置点赋值为左边码盘初始放置点
            Incr nCountL；
            !左边码盘计数加一
            Incr nCountPick；
            !已抓取物料数量加一
            nCountPos := nCountL；
            !赋值左边码盘计数至 nCountPos，用于在子程序 rCalculatePos 中判断
        码垛放置位
            wobjLorR := WobjL；
            !确定工件坐标为左边码盘对应工件坐标
            nPallet := 2；
            !确定在左边码盘上实施放置动作
        ELSE
            bReady := FALSE；
            !抓取条件不满足
        ENDIF
    ENDPROC
```

5. 机器人对物料抓取与放置的动作设定

机器人对物料抓取与放置的动作设定如下：

```
    PROC rPick()
    !机器人抓取产品子程序
```

```
ClkReset TimerCycle;
! 计时复位
ClkStart TimerCycle;
! 开始计时
rCalculatePos;
! 调用子程序 CalculatePos，确定机器人取放位置
MoveJ PpickH, vMaxEmpty, z50, Gripper\WObj := wobj0;
! 移动至抓取等待点，速度设为在没有抓取货物时较快的速度
MoveL Ppick, vMinEmpty, fine, Gripper\WObj := wobj0;
! 移动至抓取点，速度设为在没有抓取货物时较慢的速度
Set do1_VacuumOpen;
GripLoad LoadFull;
! 定义机械臂为抓取货物时的负载参数
WaitTime 0.5;
```
! 预留吸盘动作时间以保证吸盘已将产品吸起，等待时间可根据实际工作情况进行调整。若真空夹具上设有真空反馈信号，则可使用 WaitTime 指令等待其信号置为 1
```
MoveL PpickH, vMinLoad, fine, Gripper\WObj :=wobj0;
```
! 重新移动至抓取等待点，速度设为在抓取货物时较慢的速度，将货物提起
```
IF nCountTotal = 32 THEN
    nCountTotal := 0;
ENDIF
ENDPROC

PROC rPlace()
```
! 机器人放置产品子程序
```
    IF (nCNV = 1 OR nCNV = 2) and nPallet = 1 THEN
```
! 当抓取点为 1 号或 2 号传送带上而放置位为右边码垛时，机器人在运动至放置位的过程中有可能与 3 号传送带上的物料发生碰撞。有多种处理方法可以用来避免事故发生，这里将机器人从当前抓取等待点首先移动至 3 号传送带物料抓取等待点
```
        PpickH.trans.y := Ppickbase3.trans.y;
        MoveJ PpickH, vMaxLoad, z50, Gripper\WObj:=wobj0;
```
! 拾取货物后以较快的速度移动
```
    ELSEIF (nCNV = 3 OR nCNV = 2) and nPallet = 2 THEN
```
! 同样的，当抓取点为 2 号或 3 号传送带上而放置位为左边码垛时，机器人在运动至放置位的过程中有可能与 1 号传送带上的物料发生碰撞。这里使用与上方同样的处理方法，将机器人从当前抓取等待点首先移动至 1 号传送带物料抓取等待点

```
            PpickH.trans.y := Ppickbase1.trans.y;
            MoveJ PpickH, vMaxLoad, z50, Gripper\WObj :=wobj0;
        ENDIF

        MoveJ PplaceH, vMaxLoad, fine, Gripper\WObj :=wobjLorR;
        ! 移动至放置等待点
        MoveL Pplace, vMinLoad, fine, Gripper\WObj :=wobjLorR;
        ! 拾取货物后以较慢的速度移动至放置点
        Reset do1_VacuumOpen;
        ! 复位打开真空吸盘信号，将真空关闭，放下产品
        GripLoad Load0;
        ! 定义机械臂为放下货物时的负载参数
        WaitTime 0.5;
        ! 等待一定时间，防止产品被剩余真空带起
        MoveL PplaceH, vMinEmpty, z10, Gripper\WObj :=wobjLorR;
        ! 重新移动至放置等待点
        ClkStop TimerCycle;
        ! 计时停止
        nCycleTime := ClkRead(TimerCycle);
        ! 计时数据读取
    ENDPROC
```

6. 物料抓取与放置点的定义

物料抓取与放置点的定义如下：

```
    PROC rCalculatePos()
        DefPpick;
        IF nCountPos > 0 and nCountPos < 9 THEN
            H := 0;
            ! 前8个物料放置于码盘的第一层
        ELSEIF nCountPos > 8 and nCountPos < 17 THEN
            H := 150;
            ! 后8个物料放置于码盘的第二层
        ELSE
            TPERASE;
            TPWRITE "The Count of Boxes is error, please check it!";
            Stop;
            ! 计数值超出范围，输出错误信息，程序停止
        ENDIF
```

! 参照两边码盘的工件坐标及码垛放置顺序，在确定第一个物料的放置位置后即可用偏移坐标确定左右两边码盘的放置点。对于左右两边码垛，这里以最

接近工件坐标的物料作为第一个物料放置位,放置顺序如图2-41所示。分析发现,在这种情况下左右两边码垛的偏移坐标完全相同。在下面的程序中,我们调用Offs指令创建两层码垛共16个偏移点

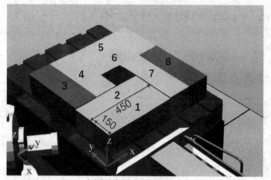

（a）右侧码盘第一层码放顺序

（b）右侧码盘第二层码放顺序

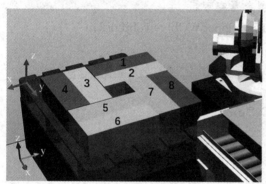

（c）左侧码盘第一层码放顺序

（d）左侧码盘第二层码放顺序

图 2-41　码垛放置顺序

```
TEST nCountPos
!CASE 1～16分别对应16个放置位
CASE 1:
    Pplace := Offs(PplaceBase90,0,0,0);
CASE 2:
    Pplace := Offs(PplaceBase90,0,150,0);
CASE 3:
    Pplace := Offs(PplaceBase0,0,300,0);
CASE 4:
    Pplace := Offs(PplaceBase0,150,300,0);
CASE 5:
    Pplace := Offs(PplaceBase0,450,0,0);
CASE 6:
    Pplace := Offs(PplaceBase0,600,0,0);
CASE 7:
```

```
        Pplace := Offs(PplaceBase90,300,450,0);
CASE 8:
        Pplace := Offs(PplaceBase90,300,600,0);
CASE 9:
        Pplace := Offs(PplaceBase0,0,0,0);
CASE 10:
        Pplace := Offs(PplaceBase0,150,0,0);
CASE 11:
        Pplace := Offs(PplaceBase90,0,450,0);
CASE 12:
        Pplace := Offs(PplaceBase90,0,600,0);
CASE 13:
        Pplace := Offs(PplaceBase90,300,150,0);
        CASE 14:
            Pplace := Offs(PplaceBase90,300,0,0);
        CASE 15:
            Pplace := Offs(PplaceBase0,450,300,0);
        CASE 16:
            Pplace := Offs(PplaceBase0,600,300,0);
        DEFAULT:
            TPERASE;
            TPWRITE "The nCountPos is error,please check it!";
            STOP;
```

！当 nCountPos 的值不在 1～16 范围内时视为出错,屏幕显示错误信息,程序停止

```
    ENDTEST
    Pplace.trans.z := Pplace.trans.z ＋ H;
```

！根据码垛高度单独定义放置点 z 方向上的偏移高度

```
    Pplace := Offs(Pplace,Compensation{nCountPos,1},Compensation{nCountPos,2},Compensation{nCountPos,3});
```

！在真实工作站中需对放置点进行必要的微调，每个放置点 x、y、z 方向上的偏移数据存于 Compensation 数组中

```
    IF Ppick.trans.z > Pplace.trans.z THEN
```

！机器人的取放等待点需要由较高的点来确定，否则在由抓取点到放置点的过程中会发生碰撞。如果放置点的高度小于当前抓取点，则将放置等待点 PplaceH 在 z 方向的高度赋值至当前抓取等待点 PpickH 在 z 方向的高度

```
        PplaceH := Offs(Pplace,0,0,nPlaceH);
        PpickH := Offs(Ppick,0,0,nPickH);
```

```
                PplaceH.trans.z := PpickH.trans.z;
        ELSEIF Ppick.trans.z < Pplace.trans.z THEN
```
!如果放置点的高度大于当前抓取点，则将当前抓取等待点 PpickH 在 z 方向的高度赋值至放置等待点 PplaceH 在 z 方向的高度
```
                PpickH := Offs(Ppick,0,0,nPickH);
                PplaceH := Offs(Pplace,0,0,nPlaceH);
                PpickH.trans.z := nPlaceH.trans.z;
        ENDIF
    ENDPROC
```

7. 确定抓取物料传送带号码

抓取物料传送带号码确定如下：
```
    PROC DefPpick()
```
!根据先到先抓原则，在 QueueCNV 数组中搜索当前抓取物料所在传送带，将 nCNV 赋值为传送带号码，确定 Ppick 位置
```
        IF QueueCNV{nCountPick} = 1 THEN
            !需对第一条传送带上的物料实施抓取
            nCNV := 1;
            Ppick := Ppickbase1;

        ELSEIF QueueCNV{nCountPick} = 2 THEN
            !需对第二条传送带上的物料实施抓取
            nCNV := 2;
            Ppick := Ppickbase2;

        ELSEIF QueueCNV{nCountPick} = 3 THEN
            !需对第三条传送带上的物料实施抓取
            nCNV := 3;
            Ppick := Ppickbase3;
        ENDIF
    ENDPROC
```

8. 中断程序的定义

中断程序的定义如下：
```
    TRAP testCNV1
```
!如果第一条传送带有货物到达则触发 iCNV1 中断信号，执行 testCNV1 中断程序
```
        Incr nCountTotal;
        !对传送带上已运输的货物计数
        QueueCNV{nCountTotal} := 1;
```
!将代表第一条传送带的数字 1 赋值于 QueueCNV 数组对应的货物号中

ENDTRAP

TRAP testCNV2
！如果第二条传送带有货物到达则触发 iCNV2 中断信号，执行 testCNV2 中断程序
　　Incr nCountTotal；
　　QueueCNV{nCountTotal} := 2；
　　！将代表第二条传送带的数字 2 赋值于 QueueCNV 数组对应的货物号中
　ENDTRAP

TRAP testCNV3
！如果第三条传送带有货物到达则触发 iCNV3 中断信号，执行 testCNV3 中断程序
　　Incr nCountTotal；
　　QueueCNV{nCountTotal} :=3；
　　！将代表第三条传送带的数字 3 赋值于 QueueCNV 数组对应的货物号中
ENDTRAP

TRAP tReadyPallet_L
！左边码盘收到到达信号
　　Reset do2_PalletLFull；
　　！复位左边码盘满载信号
ENDTRAP

TRAP tReadyPallet_R
！右边码盘收到到达信号
　　Reset do3_PalletRFull；
　　！复位右边码盘满载信号
ENDTRAP

9. 机器人回原点判断
机器人回原点判断如下：
PROC rCheckHomePos()
！检测机器人当前是否在 pHome 点
　　VAR robtarget pActualPos；
　　IF NOT CurrentPos(pHome,Gripper) THEN
　　　　pActualpos := CRobT(\Tool: = Gripper\WObj:=wobj0)；
　　　　pActualpos.trans.z := pHome.trans.z；
　　　　MoveL pActualpos,v1000,z10,Gripper；
　　　　MoveJ pHome,v2000,fine,Gripper；
　　ENDIF

```
ENDPROC

FUNC bool CurrentPos(robtarget ComparePos,INOUT tooldata TCP)
!检测机器人目标点功能程序
    VAR num Counter := 0;
    VAR robtarget ActualPos；
    ActualPos := CRobT(\Tool :=TCP\WObj:=wobj0);
    IF ActualPos.trans.x > ComparePos.trans.x - 25 AND ActualPos.trans.
x < ComparePos.trans.x + 25 Counter := Counter + 1;
    IF ActualPos.trans.y > ComparePos.trans.y - 25 AND ActualPos.trans.
y < ComparePos.trans.y + 25 Counter := Counter + 1;
    IF ActualPos.trans.z > ComparePos.trans.z - 25 AND ActualPos.trans.
z < ComparePos.trans.z + 25 Counter := Counter + 1;
    IF ActualPos.rot.q1>ComparePos.rot.q1 - 0.1 AND ActualPos.rot.
q1 < ComparePos.rot.q1 + 0.1 Counter := Counter + 1;
    IF ActualPos.rot.q2 > ComparePos.rot.q2 - 0.1 AND ActualPos.rot.
q2 < ComparePos.rot.q2 + 0.1 Counter := Counter + 1;
    IF ActualPos.rot.q3 > ComparePos.rot.q3 - 0.1 AND ActualPos.rot.
q3 < ComparePos.rot.q3 + 0.1 Counter := Counter + 1;
    IF ActualPos.rot.q4 > ComparePos.rot.q4 - 0.1 AND ActualPos.rot.
q4 < ComparePos.rot.q4 + 0.1 Counter := Counter + 1;
    RETURN Counter = 7;
ENDFUNC
```

10. 目标点的示教

目标点的示教如下：

```
PROC rModPos ()
!示教机器人目标点程序，便于测试与修改目标点
!示教目标点时需注意工件坐标的正确选择
    MoveJ Phome,v1000,z100,Gripper\WObj :=wobj0;
    MoveJ Ppickbase2,v1000,z100,Gripper\WObj :=wobj0;
    MoveJ PplacebaseR0,v1000,z100,Gripper\WObj :=WobjR;
    MoveJ PplacebaseR90,v1000,z100,Gripper\WObj :=WobjR;
    MoveJ PplacebaseL0,v1000,z100,Gripper\WObj :=WobjL;
    MoveJ PplacebaseL90,v1000,z100,Gripper\WObj :=WobjL;
    MoveJ Ppickbase1,v1000,z100,Gripper\WObj :=wobj0;
    MoveJ Ppickbase3,v1000,z100,Gripper\WObj :=wobj0;
    MoveAbsJ Poshome,v200,fine,Gripper\WObj :=wobj0;
    !方便操作机器人回到关节轴零点位置
```

```
ENDPROC
ENDMODULE
```

2.4　知　识　拓　展

1. 带参数例行程序

例 2-14　使用带参数程序实现任意直角三角形斜边的运算。

程序如下:

VAR num z;

!定义存放 x、y 之和的整型数据

VAR num Hypotenuse;

!定义返回数据类型为 num 的数据 Hypotenuse，用于存储计算结果

PROC main()

　　!主程序

　　rCount 3,4;

　　!直接调用，输入实参 3、4(此时 x = 3、y = 4)，计算斜边距离

　　Hypotenuse := z;

　　!将计算的值赋给 Hypotenuse

ENDPROC

PROC rCount(num x, num y)

!建立带参数的子程序 rCount 及两个参数 x、y。注意，这里的 x、y 仅为形参

　　z : = sqyt (pow (x,2) + pow (y,2));

　　!计算三角形的斜边 z := $\sqrt{x^2 + y^2}$，这里的 x、y 仅为形参

ENDPROC

　　在使用示教器进行操作时，在创建普通例行程序后添加参数 (如本例中的 num x、num y) 即可创建带参数的程序，添加参数的方式与 1.2.2 节中所介绍的功能程序创建参数的方式完全相同，如图 2-42 (a) 所示，创建好的带参数程序如图 2-42 (b) 所示。

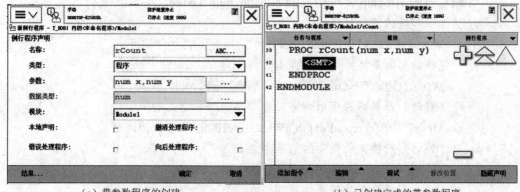

（a）带参数程序的创建　　　　　　（b）已创建完成的带参数程序

图 2-42　带参数程序的创建方法

在主程序中调用，以例 2-14 为例，添加 ProCall 指令调用程序并对其参数值进行设置，如图 2-43 所示。

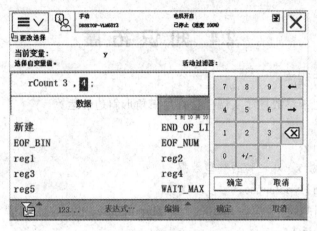

图 2-43　带参数程序的调用

例 2-15　用带参数的例行程序实现任意尺寸矩形轨迹（如图 2-44 所示）的机器人运动。

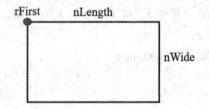

图 2-44　带参数程序 rDraw 中形参的定义

程序如下：

```
PROC main()
    rDraw p10, 300, 200;
    ! 画长为 300、宽为 200 的矩形
ENDPROC

PROC rDraw(robtarget rFirst,num nLength,num nWide)
! 建立带参数的例行程序
    MoveJ rFirst, v1000, fine, tool0;
    ! 移动到所要画的矩形起点
    MoveL Offs(rFirst,nLength,0,0), v1000, fine, tool0;
    ! 移动到所要画的矩形的第二个点
    MoveL Offs(rFirst,nLength,nWide,0), v1000, fine, tool0;
    ! 移动到所要画的矩形的第三个点
    MoveL Offs(rFirst,0,nWide,0), v1000, fine, tool0;
    ! 移动到所要画的矩形的第四个点
    MoveL rFirst, v1000, fine, tool0;
```

　　! 回到矩形起点

　　ENDPROC

　　例 2-16　底座带导轨的机器人如图 2-45 所示, 其使用带伺服电机的导轨进行移动, 其中控制电机的 PLC 与机器人 I/O 板使用电气连接的方式。要求使用带参数的例行程序, 可在控制电机移动时随时调用。

　　程序如下:

　　PROC rServo(num L, num V)

　　　　! 建立带参数的子程序 rServo 及两个参数, 分别为前进距离 L、前进速度 V, 这里的 L、V 仅为形参, 其调用方法与例 2-14 相同

　　　　Setgo speed, V;

　　　　! 将要移动的速度数值给伺服电机

　　　　! speed 为 I/O 板上 0 ～ 7 位的组信号 GO, 对应控制伺服电机 PLC 的 I 区, 用于控制电机速度, 使用 Setgo 指令输出信号, V 为当前组信号 speed 的状态

　　　　Setgo distance, L;

　　　　! 将要移动的距离数值给伺服电机

　　　　!distance 为 I/O 板上 8 ～ 9 位的组信号 GO, 对应控制伺服电机 PLC 的 I 区, 用于控制电机的运动距离, L 为当前组信号 distance 状态

　　ENDPROC

　　PROC main ()

　　　　…

　　　　rServo 15, 2;

　　　　! 伺服电机以 2 的速度 (对应组信号 GO speed 状态 10) 移动 15 的距离 (对应组信号 GO distance 状态 00001111)

　　ENDPROC

图 2-45　带导轨的机器人

2. 奇异点的处理方式

　　(1) 对于 6 轴机器人, 当 4、5、6 轴都为 0° 时, 机器人处于奇异点 (如图 2-46 所示)。此时由于运动学计算无解, 无法随意控制机器人的运动。

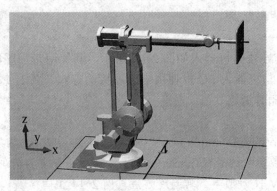

图 2-46　机器人奇异点位置

在规划机器人运动路径中要尽可能避免其经过奇异点，或者在编程中使用 SingArea 指令定义机械臂在奇异点附近的移动方式。例如

SingArea \Wrist;

! 本指令之后执行的运动指令允许略微改变工具方位，以通过奇异点 (生产线中的轴 4 和轴 6)

SingArea \Off;

! 当不允许工具方位出现偏离时，关闭位置方向调整，为机器人默认状态

(2) 在示教器中操作如下：

① 在"Settings"菜单中找到"SingArea"选项，如图 2-47 所示。

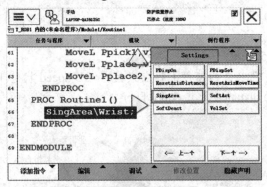

图 2-47　示教器中 SingArea 指令的调用

② 单击"SingArea"选项进入后可选择要使用的自变量，如图 2-48 所示。

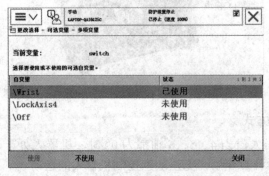

图 2-48　SingArea 指令自变量的选用

3. 轴配置监控指令

(1) 在一个机器人目标点数据参数中，轴配置可以有多种可能性。如图 2-49 所示，(-1，-1，0，0) 与 (-1，1，-2，0) 两种轴配置值皆可到达目标点，机器人线性运动过程中，在默认情况下，轴配置监控为打开状态，运动过程中会严格遵循示教点的轴配置参数，如此时的 (-1，-1，0，0)。

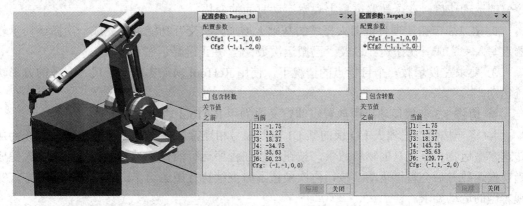

图 2-49　轴配置监控界面

当两个目标点之间轴配置参数相距太大时，将无法执行当前运动并出现 "轴配置错误" 的报警信息，此时可以选择关闭轴配置监控，机器人会灵活根据当前运动情况采用接近当前轴配置参数运动。轴配置监控指令的使用如例 2-17 所示。

例 2-17　关闭 MoveL 与 MoveJ 的轴配置监控指令。

　　ConfL \Off;

　　! 关闭 MoveL 指令的轴配置监控，在其之后执行的 MoveL 指令将不会严格按照轴配置数据移动到目标点，在无法运动到某目标点的情况下会根据运动情况采用接近当前轴配置参数运动，避免产生轴配置错误

　　ConfJ \Off;

　　! 与 ConfL 的用法相同，此时关闭 MoveJ 指令的轴配置监控

(2) 示教器操作如图 2-50 所示。

（a）轴配置监控的调用　　　　　　　　（b）轴配置监控的打开

图 2-50　轴配置相关指令的调用

思考与练习

1. 试写一件物料从机器人正前方搬运至侧面码盘的运行程序，使用计时指令记录搬运一次物料所需时间，并使用 TPWrite 指令在示教器屏幕上显示计时数据。使用 VelSet 指令修改运动速度，在示教器屏幕上观察运动时间的变化。

2. 在 1.3 节搬运项目机器人程序的基础上增加人机交互功能，在完成一次搬运后示教器上写入"完成一次搬运"以及"已搬运次数："，并正确显示搬运次数。

3. 要求在仅示教一个目标点的情况下，使用 RelTool 功能实现一个尺寸合理的方形轨迹运动。

4. 请将 1.3 节搬运项目中放置点的定义改为用 RelTool 功能实现。

5. 将一按钮与机器人 I/O 板的某 DI 输入信号相连接，要求将按下按钮的次数作为从传送带搬运物料至码盘的物料数量，按钮可以在程序运行的任意时刻被按下。机器人完成当前搬运数量后会暂停运动，按钮再次被按下时继续执行搬运动作。试用两种编程方式实现本题的运动要求。

6. 在第 4 题的基础上设置最长暂停时间，要求在运动暂停后的 20 s 内若没有再次收到信号即认为搬运完成，程序停止运行，并将搬运数量重新赋值为 0。

7. 在码垛任务实施中，机器人及其工具的选型需要考虑哪些细节？

8. 在码垛任务实施中，哪些因素会影响物料放置点的准确性？

9. 若将本项目码垛程序应用于真实工程中，还应从哪些方面对程序进行完善？

10. 码垛项目程序中使用数组存储货物号的方式实现先到先抓的功能，试使用其他编程方法实现此功能。

11. 试修改 1.3 节中的搬运项目程序，要求使用中断指令实现圆形与方形物料先到先抓的功能。

工业机器人弧焊工作站

3.1　项目介绍

1. 概述

机器人焊接工作站将多轴机器人与焊接系统相结合，实现了焊接过程的自动化、高速化以及柔性化。随着汽车、工程机械以及其他金属加工行业的高速发展，机器人焊接工作站的装机数量呈现逐年上升的趋势，国内的焊接机器人装机量已经达到4万台/年的规模。鉴于机器人焊接工作站应用非常广泛而焊接工艺又较为复杂，熟练地掌握机器人焊接工作站的工作原理和使用方法，对于工程人员有着非常重要的意义。

2. 学习目标

(1) 熟悉焊接的基本原理和分类。
(2) 掌握熔化极气体保护焊的工艺特点。
(3) 熟悉机器人弧焊工作站的硬件构成。
(4) 熟练掌握机器人弧焊工作站的硬件连接。
(5) 能够配置焊接电源的工作参数。
(6) 能够编写并调试机器人弧焊程序。

3. 项目分析

本项目以 ABB 工业机器人弧焊工作站系统对两块 Q235 钢板实施对接焊。在真实的工况条件下，整个施焊过程涉及焊接工艺参数选定、焊接系统硬件调试与连接、焊接专用 I/O 信号定义与关联、弧焊程序编写与焊接工艺调试等工艺内容，本项目将逐次对以上各项内容予以讲解。为了保证焊接的质量，本项目的任务实施阶段对各种焊接缺陷做出了定性的分析，并对焊接工艺优化与调整提出了指导性意见。

3.2　知识链接

焊接 (Welding) 是一种非常重要的机械加工工艺，焊接工艺的应用水平以及工艺质量反映了一个国家的工业实力。据美国机械工程师协会 (ASME) 统计，以美国、日本、德国为代表的工业发达国家，其 70% 的钢产量在形成最终产品之前经过了焊接工艺的处理。

焊接不仅能解决钢材的连接问题，对于合金材料、有色金属甚至异种金属和塑料也能够通过焊接形成稳定的连接。随着焊接技术的进步与发展，目前工业上应用的焊接方法有数十种之多。为了在机器人焊接项目中选择并使用合适的焊接方法，必须了解焊接的基本分类、物理过程、工艺参数以及使用范围等基础知识。

3.2.1　焊接过程的物理本质

焊接是一种通过加热或加压的方式，使得同种或异种材料通过原子或分子之间的结合与扩散连接成一体的工艺过程。两种材料的原子或分子之间不能产生结合与扩散的主要原因是由于材料表面的氧化膜和水、油吸附层的存在，导致原子之间未能达到产生结合力的距离，对于金属材料而言，这个距离为 $0.3 \sim 0.5$ nm。在焊接过程中，通过加热和加压的共同作用破坏工件结合面的氧化膜；同时，加压使得工件产生塑性变形，焊接区接触面积上升，为原子间的结合与扩散创造条件；加热造成工件的塑性变形阻力降低，增加了原子的动能，促进了焊接过程中的金属原子结合、扩散、再结晶等过程的发生。

3.2.2　焊接的发展与分类

焊接技术是随着铜、铁等金属材料的冶炼生产以及加工应用而出现的。公元前 2500 年，古巴比伦文明和印度河文明对铜、铁金属的冷、热加工技术就已经达到一定的水平，工匠们通过不断锻打红热状态的金属使其连接，这种工艺被称为锻焊。古代使用炉火作为热源，温度低、能量不集中，无法用于大截面、长焊缝工件的焊接，焊接技术在生产中的应用十分有限。19 世纪初，英国人戴维 (Davy) 发现了电弧和氧乙炔焰两种能局部熔化金属的高温热源；1885 年，俄国人别那尔道斯 (Benardo) 发明了碳弧焊法，电弧成为一种高效的热源，使得现代焊接技术在工业生产中的大规模应用成为了可能。20 世纪以来，在第一次世界大战和第二次世界大战的推动下，各种廉价而高效的金属连接工艺得到了各国的重视，电阻焊、电弧焊、埋弧焊、电渣焊等各种新型焊接方法的发展方兴未艾。焊接热量的来源也发展得多种多样，包括气体焰、电弧、激光、等离子、电子束、摩擦和超声波等。按照工艺过程的特点，金属焊接可以分为熔化焊、压力焊以及钎焊三大类，每一种焊接又可以分解为很多的子类别。焊接的分类如图 3-1 所示。

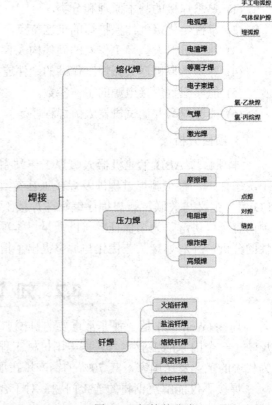

(1) 熔化焊：将工件的结合部加热，使之局部熔化形成熔池，熔池冷却凝固后便接合，必要时可加入熔填物辅助。熔化焊适用于各种金属和合金的焊接加工，一般不需要对工件外加压力。

(2) 压力焊：对工件施加足够的压力，使接合面产生塑性变形从而紧密地接触达到接合的目的。

图 3-1　焊接的分类

(3) 钎焊：采用比母材熔点低的金属材料做钎料，熔化钎料后润湿母材，填充接头间隙，并与母材互相扩散实现工件的连接。钎焊适合于各种材料的焊接加工，也适合于不同金属或异类材料的焊接加工，但是其连接强度不如熔化焊。

3.2.3 弧焊工艺认识

电弧焊（弧焊）是以电极与工件之间持续放电的电弧作为热源，使得金属工件以及焊丝熔化形成熔池，经过冷却结晶后构成稳定的连接。弧焊是目前应用最广泛的焊接方法，按照消耗的材料统计，工业发达国家的电弧焊所消耗的材料占焊接材料总量的 60% 以上，日本甚至高达 80%。影响弧焊质量的工艺因素很多，了解弧焊的工艺过程以及工艺参数有助于高效、准确地集成和使用机器人弧焊工作站，从而获得良好的焊接效果。

1. 电弧放电的基本概念

焊接电弧看似一团燃烧的火焰，但它并不是燃烧现象，也不属于化学反应的范畴，电弧是两个电极之间的气体介质导电而产生的放电现象。两个电极之间的气体原本是绝缘体，当两个电极之间的距离足够小而电场强度足够大时，气体将被电离为正离子和电子（带电粒子），气体绝缘被破坏。带电粒子在电场的作用下连续的定向流动就是电弧放电，图 3-2 展示了正处于放电状态的焊接电弧。使得中性气体分子或者原子电离的外加能量被称为电离能，工程中一般直接使用电离电压来表示各种气体电离的难易程度。电弧放电过程中将产生大量的热量，其产生的高温将用于熔化焊件和焊料，在常压条件下，焊接电弧的温度可达 (4700 ～ 29 726) ℃。焊接电弧的热量主要由两部分构成：

图 3-2 焊接电弧放电

(1) 气体电离后的正离子与电子在空间中频繁碰撞产生的动能所转化的热能；

(2) 电子流被电场加速后获得的动能所转化的热能。

2. 气体保护焊的分类与特点

采用专用的保护气体作为电弧介质的弧焊方法被称为气体保护焊 (Gas Arc Welding, GAW)，保护气体在弧焊过程中起到两个方面的作用：

(1) 作为电弧介质，不断地电离从而维持电弧的持续性；

(2) 为焊接区的高温熔化金属提供保护气氛以及冶金反应条件，屏蔽空气和水分，提高接头性能。

气体保护焊的种类很多，根据焊接电极材质可分为钨极气体保护焊 (Gas Tungsten Arc Welding, GTAW) 和熔化极气体保护焊 (Gas Metal Arc Welding, GMAW)；根据保护气体的种类可分为惰性气体保护焊 (Metal Inert-gas Welding, MIGW)、活性气体保护焊 (Metal Activegas Welding，MAGW) 和二氧化碳 (CQ2) 气体保护焊等。气体保护焊的分类如图 3-3 所示。

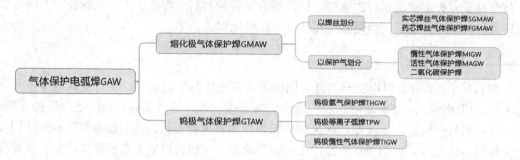

图 3-3　气体保护焊的分类

1) 熔化极气体保护焊

　　熔化极气体保护焊是以不断熔化的焊丝作为电弧的一个电极，母材 (被焊材料) 作为电弧的另一个电极，从焊枪喷嘴中不断喷出的气体作为电弧介质并对焊接区及电弧进行保护，焊丝熔化后以熔滴的形式从焊丝端部脱落进入熔池，并与母材熔化金属共同形成焊缝，如图 3-4 所示。

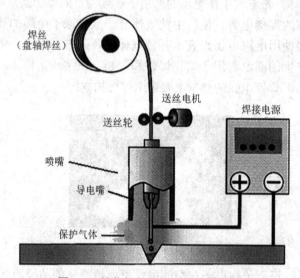

图 3-4　熔化极气体保护焊的原理图

　　熔化极气体保护焊可以采用实芯焊丝或者药芯焊丝，药芯焊丝的芯部含有助焊粉剂，能够在焊接过程中提供稳弧、脱氧等特殊功能。药芯焊丝的焊接飞溅较小，但是价格高，目前主要应用于特殊金属材料焊接领域。在工业机器人自动焊接应用中，主要以实芯焊丝焊接为主。根据保护气体的成分不同，熔化极气体保护焊又可以分为：

　　(1) CO_2 气体保护焊，是利用 CO_2 作为保护气体的焊接方法，工程上也简称为 CO_2 焊。该焊接方法诞生于 20 世纪 50 年代初期，目前已经发展成为黑色金属最重要的焊接成型方法。CO_2 焊的焊丝可以承载高达 300 A/mm² 的焊接电流密度，从而得到较大的熔深和较高的生产效率。在不开坡口的条件下，CO_2 焊可以直接应用于厚度为 (10 ~ 12 mm) 的中厚板焊接。相对于其他形式的气体保护焊，CO_2 焊的焊接飞溅较大，焊缝成型效果也较差，目前工程上主要用于碳钢和低合金钢的一般性结构焊接。

(2) 惰性气体保护焊，是以惰性气体 (Ar、He、Ar + He) 作为焊接保护气体的焊接方法，工程上也简称为 MIG 焊。与 CO_2 焊相比，MIG 焊所采用的惰性气体没有氧化性，基本上不会与高温液态金属发生反应，所以 MIG 焊的电弧稳定，熔滴过渡平稳、几乎没有飞溅，焊缝成型美观。MIG 焊的主要缺点包括：Ar、He 电离势能较高导致气体难以电离，电弧稳定性差，难以得到良好的焊缝，而且惰性气体的制备成本高；焊接过程对于母材表面的附着物 (油、水、锈) 比较敏感，导致焊前准备工作要求较高，其实际生产效率低于 CO_2 焊的生产效率。MIG 焊几乎可以应用于所有金属材料的焊接，但是从生产成本的角度考虑，MIG 焊在工程上主要应用于铝、铜、钛等有色金属和不锈钢的焊接。

(3) 活性气体保护焊，工程上也简称为 MAG 焊。MAG 焊所使用的保护气体是由惰性气体与少量的氧化性气体 (O_2、CO_2 或者混合气体) 混合而成。少量氧化性气体的加入，能够在基本不改变惰性气体电弧特性的条件下，进一步增加电弧的稳定性；氧化性气体在高温下分解的氧将与金属中的氢结合而逃逸，从而降低焊缝中的氢含量。焊缝中氢元素的降低能够显著地减少氢气孔的数量，并能够改善高强度钢的抗冷裂纹特性。MAG 焊兼具了经济性和飞溅少的特点，目前常用于不锈钢的重要结构焊接，或者对于碳钢的焊后成型效果要求较高的场合。

2) 钨极气体保护焊

钨的熔点为 3380℃，与其他金属相比，钨具有难熔化、可长时间处于高温的性质。钨极气体保护焊采用纯钨或活化钨 (钍钨、铈钨) 作为电极，在氩、氦等惰性气体的保护下进行焊接，工程上简称为 TIG (Tungsten Inert Gas) 焊。TIG 焊电弧稳定、可控性好，填充的焊丝不通过焊接电流，没有飞溅，焊缝成型美观。TIG 焊的钨极材料承载电流有限，过大的电流会造成钨棒熔化和蒸发，钨微粒进入熔池会造成焊缝夹钨，所以 TIG 焊的熔深与生产效率低于 MIG 焊的。TIG 焊过程中采用的氩气纯度较高，通常要求 99.8% (体积分数) 以上，焊接设备复杂，焊接成本较高。TIG 焊几乎可以焊接所有的金属，但由于其较高的成本，工程上多用于铝、镁、钛和不锈钢材料的薄板全位置焊、精密焊及多层焊接的打底焊。

3. 气体保护焊的关键工艺参数

焊接是一种工艺非常复杂的材料成型加工方法，影响焊接效果的工艺参数很多，重要的包括：熔滴过渡形式、焊丝直径、焊接电流 (送丝速度)、焊接电压 (弧长)、焊接速度、焊接倾角、焊丝伸出长度、气体流量、电源极性。需要说明的是，这些焊接参数并不是完全独立的，一个参数的改变同时需要一个或者几个其他参数跟随改变、互相配合才能取得良好的焊接效果，因此工艺参数的合理搭配要求从业人员具有较高的理论知识和丰富的现场经验。另外，焊接参数在不同焊接方法下的影响与表现并不完全相同，本书下文所做的分析以代表性的 CO_2 保护焊为默认焊接方法。

1) 熔滴过渡形式

焊丝的端部在电弧热的作用下形成液态金属熔滴，熔滴通过电弧空间向熔池转移的过程被称为熔滴过渡。CO_2 焊的主要熔滴过渡形式有三种：

(1) 短路过渡。该过渡形式主要在小电流、低电压、短弧焊时出现。焊丝端部的熔滴长大到一定的尺寸后，直接与熔池发生接触，形成电弧短路，导致电弧熄灭。由于强烈的过热和磁收缩作用，熔滴爆断直接过渡到熔池中去，电弧重新引燃。如此重复的过程，就形成了稳定的短路过渡，其示意图如图 3-5 (a) 所示。短路过渡电弧的燃烧、熄灭和熔滴过渡过程均很稳定，飞溅少，在薄板焊接生产中广为采用。

(2) 大滴过渡。该过渡形式在粗焊丝 (直径大于 1.6 mm)、小电流、大电压焊接时出现。大电压条件下，电弧的长度拉长，焊条端部的熔滴可以生长到较大的尺寸。在重力和表面张力的作用下，熔滴以较为粗大的颗粒形式滴入熔池，如图 3-5 (b) 所示。大滴过渡方法的电弧不稳定，飞溅很大，焊缝成型不好，在实际生产中不宜采用。

(3) 喷射过渡。该过渡形式是介于短路过渡和大滴过渡之间的一种形式。CO_2 粗丝大电流 (250 A 以上) 强电压焊接时，电弧力成为熔滴过渡的主要作用力。熔滴以细小颗粒的形式呈喷射状快速进入电弧空间向熔池过渡。同时，强大的电弧力在熔池表面形成"凹坑"，焊丝端部和电弧潜入"凹坑"之中完成焊接过程，因此该焊接形式也被称为"潜弧焊"，如图 3-5 (c) 所示。喷射过渡采用的粗焊丝与大电流能够显著提高焊丝的熔化速度和熔深，焊接过程产生的飞溅主要被"凹坑"的四壁所黏附，所以外部飞溅较少，具有较高的焊接效率。但是电弧在"凹坑"内部燃烧，难以实时观察与调整；"凹坑"形状复杂，内部排气条件差，金属夹渣难以完全析出至熔池表面，容易产生裂纹和气孔缺陷，该方法常用于中厚度和大厚度板材的焊接。

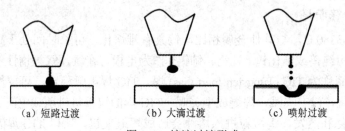

（a）短路过渡　　　（b）大滴过渡　　　（c）喷射过渡

图 3-5　熔滴过渡形式

2) 焊丝直径

气体保护焊所使用的焊丝直径的范围为 (0.6 ～ 5) mm，每一种直径的焊丝都有一个适用电流范围，各种焊丝对应的电流如表 3-1 所示。整体而言，焊丝直径的选择应该优先考虑被焊接工件的厚度，厚的工件选用粗焊丝配合大电流焊接，能够以较高的填充效率完成整个焊接工作。焊丝直径确定后，再根据具体的焊接位置要求和熔滴过渡要求，选择合适的焊接电流。直径小于 1.2 mm 的细焊丝主要以短路过渡和喷射过渡为熔滴过渡形式，适用于薄板焊和任意位置焊；粗焊丝以潜弧喷射过渡为主，适用于厚板和多层填充焊接。

表 3-1　焊丝直径与焊接电流范围

焊丝直径 /mm	焊接电流 /A	
	大滴过渡	短路过渡
0.8	150 ～ 250	60 ～ 160
1	175 ～ 275	70 ～ 170
1.2	200 ～ 300	100 ～ 175
1.6	350 ～ 500	100 ～ 180
2.4	500 ～ 750	150 ～ 200

3) 焊接电流 (送丝速度)

焊接电流所产生的电弧热主要影响焊丝熔化速度，而焊丝熔化速度的变化，需要送丝速度跟随改变才能维持电弧稳定 (维持送丝量与焊丝熔化量的平衡)，因此送丝速度与焊接电流是一对成比例关系的参数，目前在工程中这两种参数都被使用。焊接电流除了直接影响焊丝的熔化与送丝，还会影响焊缝成型。焊接电流的增大造成电弧热量和电弧力的上升，带电粒子热运动扩散加剧，电弧直径扩大造成熔宽增加；热量上升的同时，电弧力也会显著增加，电弧热量向深度方向传导导致熔深增大。不同焊接电流形成的焊缝成型效果如图 3-6 所示。

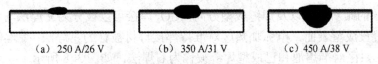

(a) 250 A/26 V   (b) 350 A/31 V   (c) 450 A/38 V

图 3-6 不同焊接电流时的焊缝成型效果

4) 焊接电压 (弧长)

工程实践中，焊接电压与弧长是一对互相混用的术语，这是因为在其他参数固定不变的条件下，电弧电压与弧长成正比的关系。在选择焊接电压时，首先要注意电压与电流的匹配性。小电流短路过渡时，需要较小的焊接电压保证短电弧，电压过高 (电弧过长) 将导致气孔和飞溅；大电流喷射过渡时，需要较大的电压提供长电弧，否则可能由于电弧过短引起焊丝和熔池的固体接触而导致踏弧短路。短路过渡和喷射过渡时，电压与电流的匹配关系可以参考以下公式：

$$U = 0.04l + 16 \pm 2(\text{V}) \tag{3-1}$$
$$U = 0.04l + 20 \pm 2(\text{V}) \tag{3-2}$$

式 (3-1) 和式 (3-2) 的 "±" 号，用于修正不同焊接位置的电压偏差，平焊选择向上正修正，立焊和仰焊选择向下负修正。需要说明的是，上面所分析的焊接电压实质是电弧电压，工程上使用的焊接电压是指焊接机 (焊机) 的输出电压，该电压包括了电弧电压、焊丝伸出长度上的电压以及焊接机电缆上的电压。对于长度超过 5 m 的焊接电缆，在式 (3-1) 计算的基础上还需要根据实际的电缆长度额外补偿焊接电压，每 10 m 电缆补偿电压 (1 ~ 1.5) V。

焊接电压对于焊缝成型的影响也非常明显，随着电压上升，电弧拉长，电弧笼罩范围加大，焊缝宽度明显上升，熔深变浅，余高减少，焊缝表面变得平坦。焊接电压对于焊缝成型的影响如图 3-7 所示。

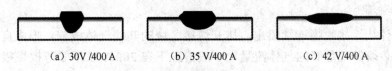

(a) 30V /400 A   (b) 35 V/400 A   (c) 42 V/400 A

图 3-7 不同焊接电压时的焊缝成型效果

5) 焊接速度

焊接速度是指电弧沿焊接接头运动的线速度。焊接速度对于焊缝成型和焊接质量有着重要的影响，焊接速度过慢会发生大量熔敷金属堆积，焊接热量反复冲击熔池并未有效地进入母材，导致有效熔深降低，甚至出现未融合和未焊透。焊接速度过快，导致单位长度焊缝中母材获得的电弧热能过低，焊缝宽度、余高、熔深降低，焊接飞溅加大，甚至出现咬边、驼峰等焊接缺陷。

在机器人弧焊工作站中，焊接速度是由机器人的实际运动速度来控制的，细丝短路过渡的合理焊接速度范围为 (0.5 ～ 2.5) m/min。工程实践中为了提高焊接生产率，通常选择较高的焊接速度，同时适当地提高焊接电流，使得焊丝的熔化速度与焊接速度匹配，保证焊缝成型质量。焊接速度超过 1 m/min 通常被认为属于高速焊接，高速焊接需要专用的焊接设备以及焊接材料。

6) 焊丝角度

根据焊丝的倾斜角度以及焊缝成型方向，CO_2 焊接可以被分为左焊法与右焊法。焊丝轴线偏向焊缝已成型表面，电弧加热区对准待焊接母材被称为左焊法；焊丝轴线偏向焊接母材，电弧加热区对准熔池和已成型焊缝被称为右焊法，如图 3-8 所示。

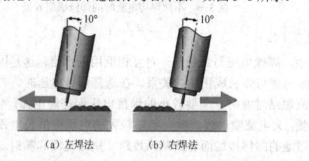

(a) 左焊法　　　　(b) 右焊法

图 3-8　焊丝角度

在机器人弧焊应用实践中，通常采用右焊法配合 10°～ 20°的焊丝倾角，实现对熔池良好的保护效果。

7) 焊丝伸出长度

焊丝伸出长度是指焊丝下端部到导电嘴的距离。焊丝伸出长度越大，焊丝电阻热效应越明显，焊丝被提前加热有助于焊丝的熔化，电弧实际电压下降使得焊缝余高增大而熔深有所减少。

焊丝伸出长度过小，喷嘴与熔池距离不足，焊接飞溅容易堵住喷嘴；焊丝伸出长度过大，将使得焊丝指向性变差和保护气体的屏蔽性能下降，导致焊接质量和焊道稳定性下降。短路过渡的合适焊丝伸出长度为 (6 ～ 13) mm，其他熔滴过渡的为 (13 ～ 25) mm。

8) 气体流量

保护气体从焊接喷嘴连续喷出，排开焊接区域的其他气体成分，形成良好的焊接气氛。焊接时必须保证足够的气体流量，一般情况下在 200 A 以下的薄板焊接时，流量设置为 (10 ～ 15) L/min，200 A 以上的焊接时流量设置为 (15 ～ 25) L/min。

9) 极性

极性是指直流焊机的输出端与焊丝的电气连接方式，焊丝接入正极而焊件接负极被称为直流反接 (DCEP)，反之则被称为直流正接 (DCEN)。直流正接的焊丝熔化速度快，相同条件下大约为反接的 1.6 倍，但是熔深浅而飞溅大，一般只用于大电流气体保护焊。直流反接的电弧稳定，熔滴过渡平稳，熔深大而飞溅小，是工程上常用的焊接连接形式。

3.3　机器人弧焊工作站配置

机器人弧焊工作站由机器人系统和焊接系统两大部分构成,焊接系统又可细分为焊接电源、焊枪、送丝、供气、工装夹具、清枪、排气等子系统。深入了解整个工作站的硬件构成,正确完成各个子系统的参数配置和程序编写,使其构成一个功能完整的焊接工作站(如图3-9所示),是机器人弧焊工作站正常运行的基础。

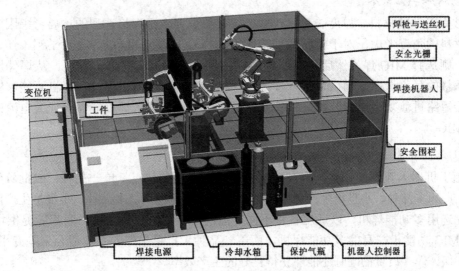

图 3-9　机器人弧焊工作站构成示意图

3.3.1　焊接系统构成

1. 焊接电源

焊接电源(焊机)是焊接系统的核心,负责为整个焊接过程提供稳定的电能。目前国际上主流的焊机厂商如林肯 Lincoln、福尼斯 Fronius、洛驰 Lorch、米勒 Miller、伊萨 ESAB、松下 Panasonic、欧地西 OTC 等纷纷开发了逆变式全数字焊机,都利用各自的专有技术提高焊接控制性。客户只需要设置几个简单的基本参数,焊机就可以依托自身强大的 DSP 芯片和焊接工艺控制软件,自动优化焊接工艺过程,保证焊接效果的最优化。由于焊机的重要性以及较为昂贵的价格(有些高档焊机的价格甚至超过了机器人本身),在选用机器人弧焊工作站的焊机时,需要特别注意以下几点。

1) 焊机与机器人控制器的通信形式

焊接过程中有大量的工艺参数以信号的形式在焊机与机器人控制器之间交互,例如电压、电流、送丝、起弧、灭弧等。这些信号有些从机器人控制器发送给焊机,使得焊机按照机器人控制器的要求工作,例如焊机输出电压、输出电流、送丝开始/结束、送气开始/结束、电压输出开始/结束;有些信号是从焊机反馈给机器人控制器,用于报告实际的焊接状态信息,例如焊机实际输出电压、焊机实际输出电流、实际送丝速度、送丝启动/未启动、送气启动/未启动、起弧成功/不成功等。以上信号通常以点对点或工业总线的形式在焊机和机器人之间交互,目前常用的工业总线有 Profibus/ProfiNET、DeviceNet、

Modbus、CC-link、EtherCAT等。不同的机器人品牌与焊机厂商对于各种总线的支持是不同的，例如ABB公司的机器人出厂标配DeviceNet总线主站模块，比较容易与DeviceNet从站的焊机进行通信。如果要求ABB机器人与焊机之间通过ProfiNet或者CC-link协议进行通信，则需要额外采购通信模块。在焊机的型号确认之前，要保证焊机与机器人能够支持同一种工业总线协议。

2）焊接工艺要求

被焊工件的材料、厚度、形状尺寸、焊接质量要求是焊机选型的重要考虑因素。从被焊材料的角度考虑，对于钢材的焊接优先选择 CO_2 焊或 MAG 焊，对于铝、镁、不锈钢材料则选择 MIG 焊，然后按照选定的焊接方法采购对应的焊机类型。从焊件厚度和焊接质量的角度考虑，则可以进一步确定焊机功能。对于薄板焊接，焊机要能够实现短弧焊接短路过渡功能或者脉冲焊接功能，对于中厚板则要求焊机能够实现大电流的潜弧焊和 MIG 焊。

3）生产类型与和批量

由于机器人弧焊工作站具有高度柔性化与自动化的特点，单一品种、成批量生产的大型工厂和多品种、小批量生产的中小型工厂都在广泛使用。多品种、小批量生产的企业应优先选用多功能焊机，以适应各种不同产品的焊接需求，目前各厂商都能提供集 CO_2/MAG/MIG 功能于一身的多功能焊机。而单一品种大批量生产的企业适合采购专用焊机，可以在保证焊接质量的同时还能够获得良好的生产效率。

2. 送丝机构

送丝机构（送丝机）和焊机成套采购，两者通过厂家提供的送丝机专用线缆连接。送丝机一般安装于机器人第三轴上方，内部包括压紧送丝机构和保护气体电磁阀等关键结构，其主要功能是负责向焊枪供给焊丝，同时还负责控制保护气体的喷出与截止。

送丝机构是焊丝和保护气体的中继站，保护气和焊丝在此集中，并在焊机的控制之下通过导管进入焊枪。送丝机构内部由压力调节手柄、压紧弹簧、压丝轮、送丝轮和直流伺服送丝电机构成，其内部结构如图 3-10 所示。转动调节手柄能够控制压丝轮对于焊丝的压力，具体的压力值要设置适当，保证焊丝能够匀速地进入导管。轮组压力过小会导致焊丝打滑焊接过程不连续，压力过大会压伤焊丝、破坏表面镀层。本书采用的焊丝为 1 类 1 mm 直径碳钢焊丝，需要将压力手柄调节到 1.5 ～ 2.5 的压力刻度范围。

图 3-10　送丝电机的内部结构

3. 供气系统

焊接供气系统的作用是保证高纯度的保护气体能够以平稳的流量从焊枪喷嘴喷出。供气系统的构成如图 3-11 所示，保护气体以高压液态的形式存储于气瓶之中，打开总阀后液态气体在气体调节器中转变为气态，经过流量调节阀的控制后进入气管，通过送丝机内部电磁阀的控制最终从焊枪喷嘴喷出。液化 CO_2 在转换为气态的过程会吸收大量的热，长时间送气会导致阀芯和气管结冰，发生阀体失效或者气管爆裂的事故。为了避免事故的发生，CO_2 的气体调节器通常集成电加热功能。

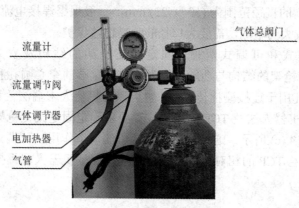

图 3-11 CO_2 供气系统

4. 焊枪

焊枪是执行焊接操作的部分，形状像枪，由枪颈、支枪架、电缆组件和碰撞传感器等结构组成，如图 3-12 所示。目前国际上主流的焊枪厂商如宾采尔 (Binzel)、泰佰亿 (TBI) 提供的机器人焊枪分为 MIG/MAG 焊枪和 TIG 焊枪两大类，这两类焊枪由于结构形式、适用环境都不相同，因此不能混用。采购焊枪时，需要根据焊机和焊接方法确定焊枪类型。

图 3-12 焊枪结构

MIG/MAG 焊枪的冷却形式分为气冷式和水冷式两类，气冷式焊枪在 CO_2 焊接时可以承受 600 A 电流所产生的焊接热量。对于氩气和氮气 MIG 焊，其焊接发热量过大，气冷式焊枪的适用电流限于 200 A，超过此电流值的 MIG 焊，需要配置水冷焊枪系统。

焊丝连续送进过程中，在枪颈端部与喷嘴内部的导电嘴发生电接触，从而将电流由焊机传递给焊丝。喷嘴的结构如图 3-13 所示，导电嘴由铜或铜合金制成，其内孔一般比焊丝直径大 (0.13 ~ 0.25) mm。导电嘴与喷嘴之间的相对轴向关系取决于焊接熔滴过渡形式，对于短路过渡，导电嘴常伸到喷嘴之外；而对于喷射过渡，导电嘴应缩到喷嘴内 (1 ~ 3) mm 处。

图 3-13　喷嘴的内部结构

　　喷嘴的作用是使保护气体平稳地流出，产生一个稳定的焊接保护区，避免电弧与熔池受到空气污染。喷嘴的直径范围为 (10 ~ 22) mm，一般根据焊接电流值来匹配喷嘴直径，大电流焊接会产生较大的熔池，需要大口径的喷嘴覆盖保护。

　　支枪架有固定式和可调式两种。固定式支枪架的结构及安装如图 3-14 (a)、图 3-14 (b) 所示，该支枪架的结构与功能都较为简单，左端的空心圆孔和压紧螺栓用于压紧枪颈，右端的连接孔用于连接碰撞传感器 (也可以与机器人末端法兰盘直连)。一般根据机器人焊丝 TCP 与机器人法兰 TCP 的相对位置要求确定固定式支枪架的型号。可调式支枪架的结构如图 3-14 (c) 所示，通过一个锁紧螺母的调节作用，可调式支枪架的机器人焊丝 TCP 与机器人法兰 TCP 的相对位置可以调整，以保证机器人在焊接各种工件时，都能获得较好的姿态。

（a）固定式支枪架　　　　（b）固定式支枪架安装　　　　（c）可调式支枪架安装

图 3-14　支枪架

5. 变位机

　　严格来说，变位机并不是机器人焊接系统的专属设备。在各种类型的机器人工作站中都可以有变位机的参与 (搬运、分拣)，而在 ABB 公司的产品目录中，变位机与直线导轨都被分类为"应用设备与附件"。在机器人自动焊接工作站中，典型的工作模式是将待焊工件由变位机的夹具固定后，变位机通过回转变位运动拖动待焊工件，使得待焊工件进入焊接机器人的工作区域，从而配合机器人完成整个焊接任务。使用变位机有以下明显的优点：

　　(1) 焊接机器人的施焊时间持续较长，在焊接参数不变的条件下，缩短工件的上下料和装夹准备时间，对于提高系统的整体焊接效率是非常有利的。在变位机的主旋转轴两侧分别安装两套夹具系统，变位机被分为焊接侧和工件准备侧，如图 3-15 所示。焊接侧靠近机器人，在机器人正常焊接的同时，利用人工或者上下料机器人在变位机的工件准备侧完成已焊工件的下料和待焊工件的上料与装夹，焊接工作和上下料工作同时进行，有效地提高了焊接的生产效率。

　　(2) 通过变位机的转动改变焊件的空间姿态，能够将立焊、仰焊等难以保证质量的焊接操作转变为平焊操作，从而提高焊接质量。

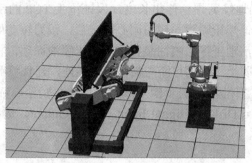

图 3-15 焊接变位机

目前工程中应用的变位机有两种类型，机器人本体厂商所生产的变位机以及第三方厂家所生产的变位机。机器人本体厂商的变位机以 ABB 公司的 IRBP 系列变位机为代表，型号覆盖单轴型和多轴型，如图 3-16 所示。IRBP 型变位机由伺服电机系统实现工件变位，伺服的控制与驱动功能直接与机器人本体共用同一个 IRC5 控制柜，除了能够实现工件的精确转位功能，还能够作为附加轴参与机器人的空间插补运动。第三方厂家的变位机采用变频或者伺服电机驱动实现工件的转位，该类型的变位机通常具有较高的性价比，但是无法作为额外的伺服轴参与机器人的空间插补运动。

（a）单轴变位机　　　　　（b）双轴变位机　　　　　（c）三轴变位机

图 3-16 变位机

6. 清枪装置

气体保护焊过程中产生的飞溅焊渣会黏附在喷嘴和导电嘴之上，长时间不做清理会严重影响焊丝和保护气体的送进，焊接飞溅对焊枪喷嘴的影响如图 3-17 所示。机器人弧焊工作站一般会配置一个自动清枪装置，每次焊接完成都会全自动地进行剪丝、清焊渣、喷油等工作，如图 3-18 所示。

（a）清枪前　　　　（b）清枪后

图 3-17 焊接飞溅对喷嘴的影响

图 3-18 自动清枪装置

剪丝机构用于精确地修剪焊丝伸出长度，保证枪尖 TCP 的精度和焊接起弧效果。清渣工作由旋转铰刀完成，焊枪喷嘴与铰刀同心固定后，铰刀转动的同时上升，将喷嘴和导电嘴上黏附的飞溅焊渣清理干净。喷油装置采用气压喷油原理，将硅油均匀地喷射到达喷嘴内表面，可以有效地防止飞溅的焊渣与喷嘴发生粘连，延长喷嘴与导电嘴的使用寿命。

焊接结束后，焊枪自动清理的步骤一般按照剪丝、清渣、喷油的顺序进行，清枪站与机器人控制器之间通过 DI/DO (Digital Input/Digital Output，数字量输入/输出) 信号进行控制。

3.3.2　焊接机器人

1. 焊接机器人本体

机器人弧焊工作站所采用的机器人本体，既有通用性 6 轴机器人，也有专用的焊接型机器人本体。在 ABB 公司的机器人产品分类中，焊接型机器人本体编号以 ID 结尾，主要有 1520ID、1660ID 和 2600ID 三大类弧焊专用型本体。Fanuc 公司的焊接专用型机器人型号主要有 M-10iA 和 M-20iA 两大类，图 3-19 展示了 ABB 和 Fanuc 公司的弧焊机器人。

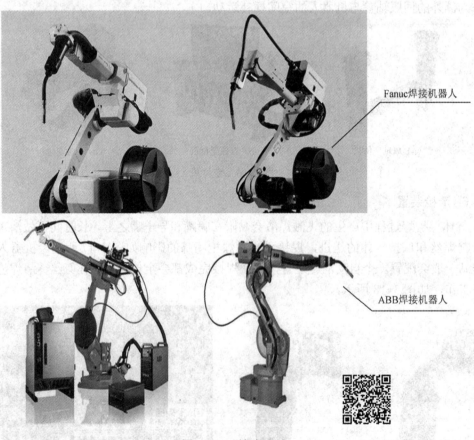

图 3-19　弧焊机器人

相对于通用型本体，焊接专用型本体如图 3-20 所示，其底座提供了信号、电源、气源等多路用户电气接口，内部管线包将底座的接口连接到第 3 轴出口。同时第 3 轴末端设计为平台结构，上臂整体结构则设计为中空，4～6轴电机与减速器偏心布置，使得送丝机及送丝软管能够与上臂结构同轴布置安装。结构优化的焊接专用型本体具有如下优点：

(1) 预置的接口与管线包显著减少了工作站的现场安装与布置任务，从而加快了投产时间；

(2) 上臂同轴安装的送丝机和送丝软管降低了工作站的总体高度，减少了5、6轴的转动对于送丝软管的影响，从而有效地提高了工作站的无故障工作时间。

　　(a) 上臂平台结构　　　　　　　　　　　　(b) 上臂中空结构

(c) 预置管路接口

图 3-20　焊接专用机器人结构

在 ABB IRC5 控制器的配置方面，控制器必须配置机器人弧焊功能包"633-4 Arc"才能够调用焊接专用指令和程序数据，否则将无法完成焊接工作。特别说明的是，"633-4 Arc"属于选配功能包，需要客户提出订购需求，ABB 公司才会将该功能包安装到控制器中。因此从外形上看，机器人弧焊工作站的机器人本体可以选用通用性六轴机器人，但是其内部控制器必须是弧焊专用型的。

2. 机器人焊接 I/O 信号

在由机器人焊接系统构成的弧焊工作站中，一般由机器人作为上位控制器 (上位机)，而焊机作为被控的下位机。上位机负责发出各种焊接工艺信号，下位机依照接收到的信号执行焊接工作，并将焊接状态信号反馈给机器人上位机。机器人与焊机之间常用的焊接信号如表 3-2 所示。

表 3-2 机器人焊接系统常用的 I/O 信号

序号	信号名称	类 型	说 明
1	aoWeldVol	焊接电压信号	机器人输出至焊机
2	aoWeldCur	焊接电流信号	机器人输出至焊机
3	doWeldOn	焊接开始信号	机器人输出至焊机
4	doGasOn	送气开始信号	机器人输出至焊机
5	doFeedOn	送丝开始信号	机器人输出至焊机
6	diArcEst	起弧成功信号	焊机反馈至机器人
7	diGasOK	送气正常信号	焊机反馈至机器人
8	diFeedOK	送丝正常信号	焊机反馈至机器人

"aoWeldVol"和"aoWeldCur"这两个信号用于机器人侧指定焊机的输出焊接电压和焊接电流。工程应用中这两个信号通常会出现小数，例如焊接电压为 16.5 V 或者焊接电流为 63.7 A。因此这两个信号需要被设定为 16 位模拟量输出 (Analogue Output，AO)，其余的信号都是 1 位数字量输入 / 输出信号 (DI/DO)，各种信号与焊接流程的逻辑时序关系如图 3-21 所示。

1) 提前送气阶段

机器人侧发出焊接开始信号后，送丝机内置的保护气体电磁阀接通，保护气体经由送丝软管从枪头喷出，这一阶段焊丝并没有通电，也没有向前送进。提前送气的主要作用是清空焊枪和送丝软管中残留的空气，提前在枪头前端形成保护气氛，这一阶段也被称为"清枪阶段"。

2) 起弧阶段

提前送气阶段结束后，焊机将空载电压加载给焊丝，同时送丝滚轮启动，以慢送丝速度向前送丝。通电焊丝缓慢向焊缝靠近最终起弧，焊接电弧经过短暂的引弧加热后过渡到稳定焊接阶段，焊机将起弧成功信号反馈给机器人。

3) 焊接阶段

机器人收到起弧成功信号后，根据程序预设的焊缝轨迹开始移动；焊机按照机器人侧设定的焊接电压和焊接电流控制电弧稳定燃烧，并控制焊丝不断送进，最终形成焊缝。

4) 收弧阶段

机器人运动到焊缝终端，但此时整个焊接过程并没有完全结束，直接关闭焊机的电源输出以及焊丝和保护气体的送进，高温液态熔池在空气中过快凝固将导致焊缝末端形成凹陷的弧坑，弧坑内部容易出现夹杂和应力裂纹。因此，在收弧阶段需要机器人和焊机配合，机器人关闭焊接开始信号并在焊缝末端位置停留一段时间；焊机检测到焊接开始信号的下降沿进入收弧状态，以收弧电流 (机器人指定或者焊机自定)维持电弧燃烧，多次下降收弧电流使得焊丝填满弧坑后，焊机关闭电压和电流输出，电弧熄灭后再维持一段保护送气时间，使得熔池在保护气氛下冷却凝固。

需要特别说明的是，图 3-21 只是展示了机器人焊接系统完成正常焊接的时序流程和常用信号关系。由于焊接过程的复杂性，更多的焊接工序 (刮擦引弧、焊丝预加热、焊丝回烧) 和信号 (手动信号、焊接反馈信号、反抽丝信号) 将在后续章节做深入的分析。

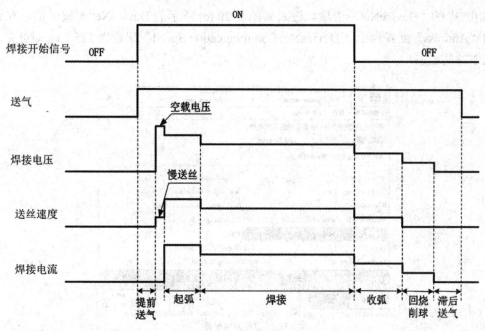

图 3-21 焊接时序图

3. 焊接 I/O 信号配置

焊接工作站的 I/O 信号配置可以分为两种情况：

(1) 采用 ABB 公司的 DSQC651、DSQC652 等标准 I/O 板作为焊接信号的中介，信号配置遵从"先定义 I/O 板——再定义板上信号——最后按照信号的地址分配完成硬件接线"的标准过程。这种焊接工作站的 I/O 配置与普通的机器人码垛工作站或者搬运工作站相比没有区别，其信号配置难度较低，但是现场接线工作复杂，受标准 I/O 板上 I/O 点数的限制，能够配置的焊接信号数量较少，适用于低端的单机焊接工作站。

(2) 采用工业通信总线，将机器人定义为通信总线的主站，负责通信的触发和数据的读写控制。同时将焊机定义为总线上的从站，能够响应主站的读写要求。采用总线的形式进行通信连接，符合当前工业设备"网络化"的要求，具有通信能力强、设备连接能力大、节省I/O模块以及现场接线简单、有利于数据监控系统和MES (Manufacturing Exection System，制造执行系统)系统的部署等诸多优点，适用于现代化的多工位焊接工作站。本书所采用的ABB1410机器人和麦格米特焊机分别配置了DeviceNet总线的主站和从站模块，下面将介绍在DeviceNet总线通信的条件下，如何进行焊接I/O信号的配置。

① 组态通信主站。DeviceNet 作为一种通用总线协议，支持 125、250 kb/s 以及 500 kb/s 三种通信波特率。通信波特率与传输距离成反比，125 kb/s 的波特率的最远通信距离能够达到 500 m，而 500 kb/s 的波特率的通信距离为 100 m。机器人作为主站，需要为其组态通信地址以及整个总线的通信波特率。下面以机器人主站地址为 2、通信波特率为 125 kb/s 为例介绍主站的组态过程。在示教器窗口依次单击"控制面板"→"配置"→"I/O"菜单，在"I/O"界面可以看见工业网络配置选项"Industrial Network"，如图 3-22(a) 所示。单击"Industrial Network"选项后可以检索机器人中已安装的所有工业网络，单击图

3-22 (b) 中的"DeviceNet"选项，进入如图 3-22 (c) 所示的 DeviceNet 配置界面，在该界面将"Address"配置为 2、"DeviceNet Communication Speed"配置为 125 kb/s 即可完成机器人主站的组态。

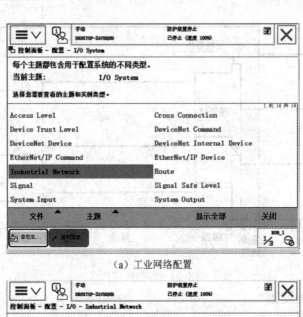

（a）工业网络配置

（b）选择总线类型

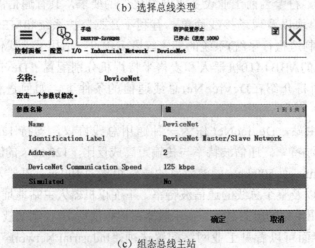

（c）组态总线主站

图 3-22　主站的组态操作

② 组态通信从站。焊机作为通信的从站，厂家会在产品说明书上标明该设备的通信参数，技术人员需要按照说明书的要求来组态焊机的通信。本书采用麦格米特焊机所搭载的总线模块为德国倍福 (BECKHOFF) 公司的 BK5250 型 DeviceNet 总线通信模块。焊机通信配置参数如表 3-3 所示。

表 3-3　焊机通信参数

序号	设置内容	设置值	备　注
1	波特率	125 kb/s	主/从站一致
2	主站地址	2	0 ～ 63 任意值
3	从站地址	20	1 ～ 63 任意值，不可与主站重复
4	从站供应商编号	108	倍福公司编号
5	从站模块编号	5250	BK5250 模块的产品编号
6	设备类型	12	BK5250 模块的类型编号
6	通信刷新率	30	主/从站的通信周期
7	主站写入数据长度	12B	机器人写给焊机最大数据长度(输出)
8	主站读取数据长度	13B	机器人读取焊机最大数据长度(输入)

表中序号为 4 和 5 的参数是 ODVA 组织 (Open DeviceNet Vendor Associations，开放式 DeviceNet 总线设备生产商协会) 对倍福公司及其产品的认证编号，该组织负责为各种工业网络技术制定统一的标准，并对相应的产品进行管理和认证；序号为 7 和 8 的参数是从站的输入和输出区的数据长度，DeviceNet 通信的发起和管理是由主站控制的，从机器人主站的视角来看，这两行参数分别是主站的输出区和输入区。

从站的配置和标准 I/O 板的配置过程类似，在示教器页面依次单击"控制面板"→"配置"→"DeviceNet Device"→"添加"菜单进入从站配置界面。根据表 3-3 的要求依次完成相应数据的输入，从站的名称定义为"BECKHOFF"，具体的操作过程如图 3-23 所示。

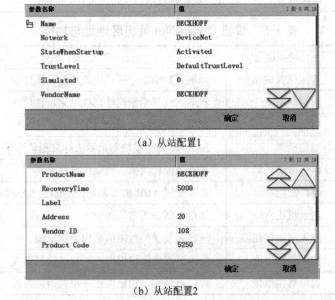

（a）从站配置1

（b）从站配置2

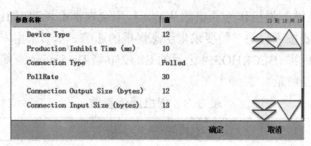

（c）从站配置3

图 3-23 从站的组态操作

③ 焊接信号配置。焊机在出厂时就已经预定义了 I/O 区地址的功能，焊接信号的配置必须与地址相匹配，表 3-4 及 3-5 列出了麦格米特焊机的数据位地址及功能。

表 3-4 焊机 DeviceNet 输入区地址与功能

序号	地址	功 能	备 注
1	0	焊接开始	1：焊机收到焊接开始信号；0：焊机收到焊接停止信号
2	1	机器人准备就绪	机器人发送自身状态，用于控制机器人紧急停机
3	2～4	设定焊机工作模式	0：直流一元化；1：脉冲一元化；2：JOB 模式；3：近控模式；4：分别模式
4	8	送气启动	1：焊机收到送气启动信号
5	9	向前送丝启动	1：焊机收到向前送丝启动信号
6	10	反抽丝启动	1：焊机收到向后送丝启动信号
7	11	焊机故障复位	
8	12	寻位使能	需要配置 ABB 机器人寻位功能包 SmarTAC
9	16～23	调用 JOB 号	只有在焊机 JOB 模式下可用
10	32～47	焊接电流	焊机接收的焊接电流值
11	48～63	焊接电压	焊机接收的焊接电压值

表 3-5 焊机 DeviceNet 输出区地址与功能

序号	地址	功 能	备 注
1	0	焊接起弧成功	焊机开始输出电压且电弧稳定，该位置 1
2	2	焊接状态	提前送气开始至焊丝回烧结束，该位置 1
3	5	焊机故障	焊机出现故障，该位置 1
4	6	通信就绪	BK5250 通信模块与机器人建立通信连接，该位置 1
5	8～15	焊机故障代码	根据故障代码值，查询焊机故障表
6	24	寻位成功	需要配置 ABB 机器人寻位功能包 SmarTAC
7	27	送丝机正常	送丝机状态正常，该位置 1
8	31	输入区数据超限	机器人发送的数据值超出给定范围，该位置 1
9	32～47	实际焊接电流	焊接过程实际输出电流，反馈给机器人
10	48～63	实际焊接电压	焊接过程实际输出电压，反馈给机器人

表中各地址的数据类型分为三类，分别与 ABB 机器人的三种信号类型相对应：

(1) 1 位数字量数据，只有 0 或 1 两种状态，例如焊接开始、送气启动等，该类数据对应于 ABB 机器人的 DI/DO 类信号；

(2) 多位数字量数据，除了 0 和 1 还有 2、3、4 等正整数出现，例如焊接工作模式设定和焊机故障代码等，该类数据对应于 ABB 机器人的组输入/输出 (GI/GO，Group Input/Group Ouput)类信号；

(3) 多位浮点数据，该类数据会出现小数，例如焊接电压、焊接电流等，该类数据对应于 ABB 机器人的 AI/AO 类信号。

表 3-6 列出了倍福焊机从站模块上三种典型信号的配置，读者可以根据表 3-4 和 3-5 的内容，相应完成其他焊接信号的配置工作。

表 3-6　焊接信号配置信息

数字量信号：焊接开始			
名称	值	名称	值
Name	doWeldOn	Type of Signal	Digital Output
Assigned to Device	BECKHOFF	Device Mapping	0
组信号：焊机工作模式			
名称	值	名称	值
Name	goWeldMode	Type of Signal	Group Output
Assigned to Device	BECKHOFF	Device Mapping	2～4
模拟量信号 1：焊接电流			
名称	值	名称	值
Name	aoWeldCur	Type of Signal	Analog Output
Assigned to Device	BECKHOFF	Device Mapping	32～47
Analog Encoding Type	Unsigned	Maximum Logical Value	500
Maximum Physical Value	50	Maximum Physical Value Limit	50
Maximum Bit Value	500		
模拟信号 2：焊接电压			
名称	值	名称	值
Name	aoWeldVol	Type of Signal	Analog Output
Assigned to Device	BECKHOFF	Device Mapping	48～63
Analog Encoding Type	Unsigned	Maximum Logical Value	45
Maximum Physical Value	450	Maximum Physical Value Limit	450
Maximum Bit Value	450		

表 3-6 中焊接电流与焊接电压的信号配置过程中，最大逻辑值 (Maximum Logical Value)、最大物理值 (Maximum Physical Value)、最大数据值 (Maximum Bit Value) 等参数是根据焊机说明书中的参数配置图来完成设定的。该焊机的焊接电流与数据的对应关系为 1:1，最大限幅值为 500 A；焊接电压与数据的对应关系为 1:10，最小限幅值为 12 V，最大限幅值为 45 V，图 3-24 给出了焊机的电流与电压参数配置图。

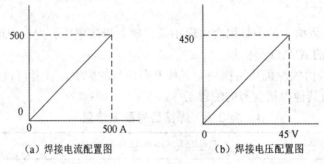

（a）焊接电流配置图　　　　　　（b）焊接电压配置图

图 3-24　焊接参数配置图

在大型焊接工作站的实际应用中，一般由焊机厂商给出基本的 I/O 配置文件 EIO。技术人员根据具体的需求，对 EIO 文件稍作修改和调整后，以文件"加载"的形式完成 I/O 信号的配置工作。

4. 机器人焊接信号关联

ABB Arcware 软件包拥有强大的焊接管理功能，用户只要将自定义的焊接信号与 Arcware 软件包内置的焊接管理参数相关联，机器人控制器就会在整个焊接过程中统一控制电压、电流、送气、送丝等各种信号，这使得技术人员能够将注意力集中到机器人弧焊轨迹的程序编写中，从而大大提高了焊接工作站的投产时间。焊接信号关联的前提条件是机器人的焊接信号已经正确地配置完成。

焊接信号关联的操作步骤：

(1) 在示教器界面中依次单击"控制面板"→"配置"菜单，进入配置界面。

(2) 选择配置界面左下角的"主题"菜单，在弹出的窗口中将主题由"I/O"切换为 "Process"，如图 3-25 所示。

图 3-25　配置主题切换

(3) 单击 Process 界面的"Arc Equipment Analogue Outputs"选项,在弹出的界面中双击"stdIO_T_ROB1"选项进入模拟量输出的关联界面,如图 3-26 所示。

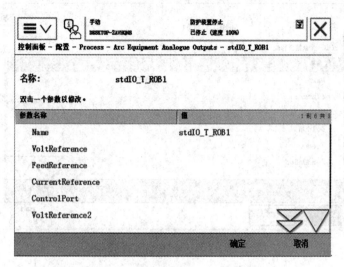

图 3-26 模拟量输出信号关联界面

在前面已经提前配置了焊接工作站需要的两个模拟量输出信号:焊接电压"aoWeldVol"和焊接电流"aoWeldCur"。通过屏幕点选的方式,将模拟量信号关联界面的焊接电压参数"VoltReference"和焊接电流参数"CurrentReference"分别与"aoWeldVol"和"aoWeldCur"关联,结果如图 3-27 所示。

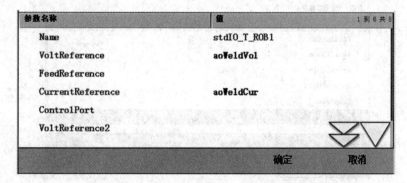

图 3-27 焊接电压、电流信号关联

模拟量输出信号关联完成后,单击界面下方的"确定"按钮,退出当前界面。此时系统会弹出提示"更改将在控制器重启后生效。是否现在重新启动",由于信号关联的操作步骤还没有全部完成,此时选择不重启,直接回到信号关联的主界面。

(4) 单击 Process 界面的"Arc Equipment Digital Outputs"选项,在弹出的界面中双击"stdIO_T_ROB1"选项进入数字量输出的关联界面,如图 3-28 所示。

在数字量输出的关联界面中,主要关联的参数包括:① 焊接开始 WeldOn;② 送气启动 GasOn;③ 向前送丝启动 FeedOn;④ 反抽丝启动 FeedOnBwd。根据前面定义的各种数字量输出信号,完成数字量输出信号的关联。

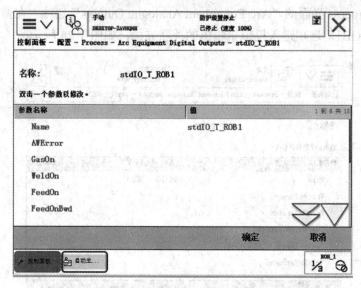

图 3-28　数字量输出信号关联界面

(5) 单击 Process 界面的 "Arc Equipment Digital Inputs" 选项，在弹出的界面中双击 "stdIO_T_ROB1" 选项进入数字量输入的关联界面，如图 3-29 所示。

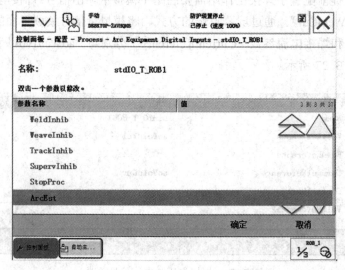

图 3-29　数字量输入信号关联界面

数字量输入信号关联界面只有一个必填参数：起弧成功信号 ArcEst，将该参数与提前配置的焊接起弧成功信号 "diArcEst" 关联，则机器人控制器收到 diArcEst 信号的高电平状态后，焊接系统会确认电弧已经成功引燃。在 Arc 软件包的控制下，机器人在焊接起弧点发出焊接开始信号后，自动协调送气启动和送丝启动等信号，然后会在起弧点等待焊机反馈的起弧成功信号。接收到起弧成功信号后，机器人开始沿着预设的焊缝轨迹运行；超过系统等待时间（另有参数控制）后，仍没有收到起弧成功的信号，机器人将在起弧点再次起弧或者直接报错。

在数字量输入信号关联界面中还有焊接正常 WeldOk、送丝正常 WirefeedOk、送气正常 GasOk、焊枪正常 GunOk 等参数。如果焊接系统能够提供以上的数字量输入信号，就能够建立一个功能较为完善的反馈监视系统。考虑到各种焊接系统的需求差异，ABB 机器人并没有将上述信号定义为必填参数。不填写以上参数，并不会影响工作站完成焊接工作。

(6) 单击 Process 界面的"Arc Equipment Analogue Inputs"选项，在弹出的界面中双击"stdIO_T_ROB1"选项进入模拟输入的关联界面，如图 3-30 所示。

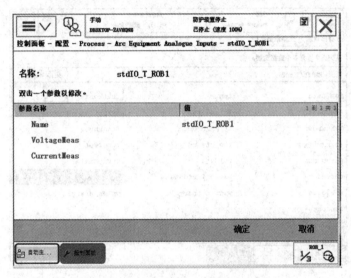

图 3-30　模拟量输入信号关联界面

该界面的两个参数：实际焊接电压VoltageMeas和实际焊接电流CurrentMeas，用于接收焊机向机器人实时反馈的焊接电压和焊接电流。这两个参数不是必填项，大部分的焊机都有显示窗口可以显示实际的焊接电压和焊接电流，操作人员可以观察焊机的数据显示窗口来监视焊接电压/电流。但是对于大型的多工位焊接工作站或者全自动焊接流水线而言，实时的焊接数据反馈是有必要的，因为：① 复杂的多工位焊接工作站占地面积大、结构复杂，需要在MES系统以及生产大屏幕上实时展现每一台焊机的工作数据；② 焊接数据异常变化往往反映了焊接生产异常或者焊接缺陷，对于焊接电压/电流反馈数据的监控与分析，是产品质量管理的重要手段。

所有参数关联完成后，在示教器根目录下选择"系统重启"功能，整个机器人焊接系统的信号关联操作即完成。

5. 机器人焊接程序数据

机器人的程序由指令和程序数据两部分构成。除了常用的工具数据、工件数据、目标点数据，ABB焊接机器人还有三种专用的程序数据：① 焊接数据welddata；② 起弧/收弧数据seamdata；③ 摆弧数据weavedata。程序数据的建立可以分为两种操作类型，一种是在示教器的"程序数据"界面中完成所有数据的编辑、定义和修改工作，然后在编程时直接调用所需的各种数据；另一种是在编程时，利用跳转功能从编程界面跳转至程序数据界面，完成了对应的数据定义工作后，继续进行后续程序的编写。从大型程序编写和结构优化的角度考虑，第一种程序数据的定义方式有利于对数据进行统一的管理。这里以第一种程序数据的操作方法为例，介绍三种焊接专用数据的作用和建立方法。

1) 焊接数据 welddata

welddata 用于控制电弧起弧后的稳定焊接段的工艺数据，起弧与收弧阶段的工艺数据由 seamdata 控制。在示教器操作界面依次单击"程序数据"→"视图"→"全部数据类型"选项，可以进入数据类型的分类界面，通过"下翻页"功能找到"welddata"数据类型，如图 3-31 所示。

图 3-31　welddata 程序数据

双击"welddata"选项进入焊接数据的管理界面，在管理界面可以进行焊接数据的新建、数据值修改、数据声明修改以及删除的操作。单击"新建"按钮进入 welddata 的数据声明界面，设定数据的"名称"后，单击左下角的"初始值"按钮进入到 welddata 数据的数据定义界面，如图 3-32 所示。

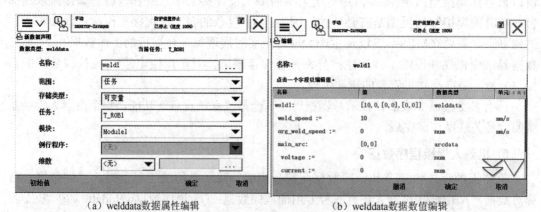

（a）welddata数据属性编辑　　　　（b）welddata数据数值编辑

图 3-32　welddata 程序数据

焊接系统的属性配置将影响 welddata 数据定义界面的细节，修改焊接系统属性配置参数，将导致 welddata 数据定义界面所展示的数据结构改变。焊接系统属性的配置方法属于比较高级的功能，本书不做展开描述，有兴趣的读者可以参阅 ABB 机器人官方说明书的相关内容。一般而言，welddata 由三组数据构成：weld1（焊接速度参数）、main_ arc（正常焊接阶段参数）和 org_arc（调试界面参数），三组数据的名称由灰色字体显示，如图 3-32 所示，每组数据又包括了多个次级数据，所以 welddata 实际上是一个三级结构的数据组，其数据结构如图 3-33 所示。

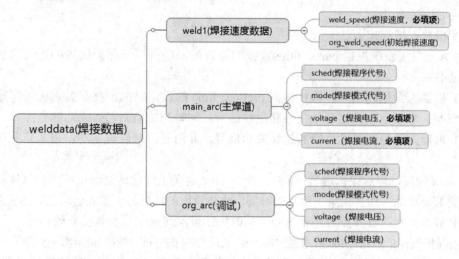

图 3-33　welddata 数据结构

在 welddata 的多个次级数据中，weld_speed、voltage 和 current 是三个必填项。weld_speed 用于定义机器人在焊接起弧成功后的 TCP 运动速度，单位为 mm/s；voltage 参数用于定义机器人完成一段焊缝所采用的焊接电压值；current 参数用于定义机器人完成一段焊缝所采用的焊接电流值。根据焊接工艺的要求，依次输入这三项的数据值，单击界面下方的"确定"按钮，即可完成一个 welddata 型数据的定义。

2）起弧/收弧数据 seamdata

seamdata 主要用于实现对焊接起弧段和收弧段的保护气以及对焊丝的控制。seamdata 包含 4 个基本数据，如图 3-34 所示。其中 purge_time（清枪时间，单位为秒）、preflow_time（提前送气时间，单位为秒）、postflow_time（焊后保护送气时间，单位为秒）是必填项。

名称:	seam1		
点击一个字段以编辑值。			
名称	值	数据类型	单元 5 共 5
seam1 :=	[0,0,0,0]	seamdata	
purge_time :=	0	num	
preflow_time :=	0	num	
scrape_start :=	0	num	
postflow_time :=	0	num	

图 3-34　seamdata 程序数据

清枪时间 purge_time 定义了保护气提前打开，从而清空送气管线以及焊枪中残留的非保护气体的时间；提前送气时间 preflow_time 则定义了保护气体提前从焊枪口喷出，从而在焊接区提前建立保护气氛的时间。在起弧阶段，这两个数据与机器人的运动以及焊接开始信号的关系如下：

(1) 机器人接近起弧点；

(2) Arc 焊接系统根据 purge_time 数据的设置值，提前打开保护气体的送气信号以完成清枪工作；

(3) 机器人到达起弧点，系统根据 preflow_time 的设定时间，在起弧点区域形成良好的保护气氛。然后启动焊接开始信号和送丝信号，同时开始监测起弧成功信号；

(4) 机器人监测到焊机反馈的起弧成功信号，并沿着焊缝轨迹运动，进入正常的稳定焊接段。

在收弧阶段，焊后保护送气时间 postflow_time 定义了焊丝送进结束后保护气体持续送气，使得高温熔池在保护气氛下冷却的时间。收弧阶段的信号与机器人运动之间的关系为：

(1) 机器人到达收弧点后停止运动，同时关闭焊丝送进信号及焊接开始信号；

(2) 保护气体信号持续接通，根据 postflow_time 定义的时间，维持高温熔池区的保护气氛；

(3) 保护气体送气信号关闭，机器人执行收弧段的下一行程序。需要特别说明的是，seamdata 中有很多隐藏的高级参数，例如刮擦起弧、再起弧、焊丝回烧、填弧坑等，修改这些隐藏参数将导致机器人焊接系统起弧和收弧工作顺序的改变。关于隐藏参数的相关功能，可以查阅 ABB 官方说明 (Application manual——arc and arc sensor)。

3) 摆弧数据 weavedata

为了保证电弧能够在工件的厚度方向上完全焊透,中厚板 (6 mm 以上) 气体保护焊接，通常需要根据国标 GB/T985—2008 的规定开焊接坡口，常见的坡口形式如图 3-35 所示。焊接机器人在面对坡口较宽的焊缝时，焊丝 TCP 除了沿着焊缝方向运动，还需要在水平方向和厚度方向额外地摆动，从而保证熔化的焊丝能够填满焊缝空隙。机器人 TCP 的摆动数据由摆弧数据 weavedata 的相关参数控制。

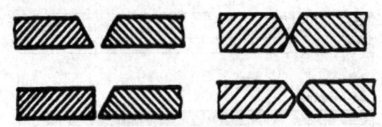

图 3-35　常见的坡口形式

如图 3-36 所示，摆弧数据 weavedata 由摆弧形状 weave_shape、摆动方式 weave_type 等参数组成，各参数的具体内容如下。

(1) 摆弧形状 weave_shape。

摆弧形状 weave_shape 用于控制机器人 TCP 的实际运行轨迹，该轨迹由焊缝矢量方向和摆动方向合成得到。参数输入数据范围为 0 ～ 4，其中 weave_shape=0，无摆动；weave_shape=1，Z 形平面摆动；weave_shape=2，V 形空间摆动；weave_shape=3，三角形空间摆动；weave_shape=4，圆形平面摆动。各种摆动的轨迹和投影如图 3-37 所示 (X 方向为焊缝矢量方向)。

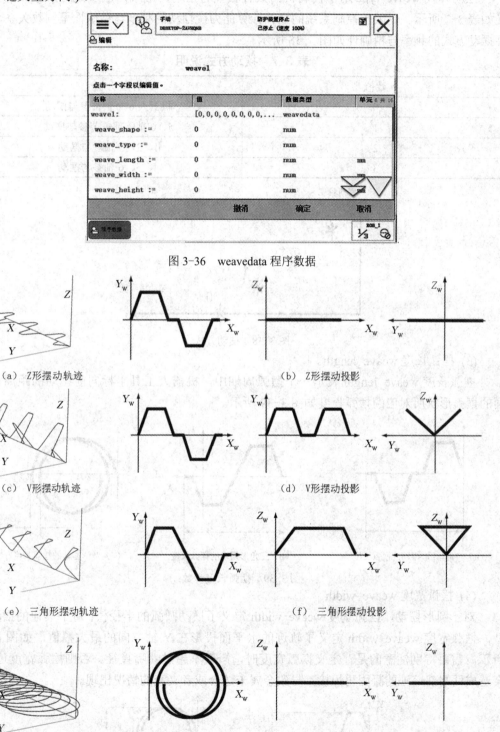

图 3-36　weavedata 程序数据

（a）Z形摆动轨迹　　　　（b）Z形摆动投影

（c）V形摆动轨迹　　　　（d）V形摆动投影

（e）三角形摆动轨迹　　　（f）三角形摆动投影

（g）圆形摆动轨迹　　　　（h）圆形摆动投影

图 3-37　摆弧形状参数

(2) 摆动方式 weave_type。

摆动方式 weave_type 用于控制机器人各轴参与摆动的形式，该参数的具体数值与含义如表 3-7 所示。受限于控制系统的插补计算能力，摆动的频率与精确性呈倒数关系，各种摆动方式的频率与精确性如图 3-38 所示。

表 3-7　摆动方式说明

数值	摆动方式
0	机器人 6 个轴都参与摆动
1	5、6 轴腕部关节参与摆动
2	1、2、3 轴参与摆动
3	4、5、6 轴参与摆动

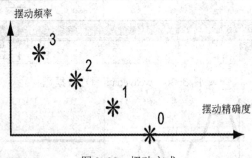

图 3-38　摆动方式

(3) 摆弧长度 weave_length。

摆弧长度 weave_length 表示一个摆弧周期中，机器人工具坐标向前移动的距离。不同的摆弧形状所对应的摆弧长度如图 3-39 所示。

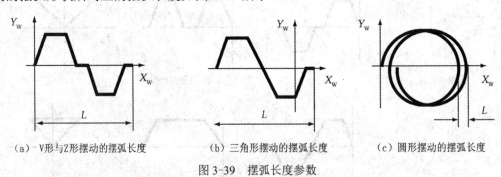

（a）V形与Z形摆动的摆弧长度　　　（b）三角形摆动的摆弧长度　　　（c）圆形摆动的摆弧长度

图 3-39　摆弧长度参数

(4) 摆弧宽度 weave_width。

对于圆形摆动，摆弧宽度 weave_width 定义了摆动圆弧的半径值；对于其他的摆动类型，摆弧宽度 weave_width 定义了轨迹的水平面投影在 Y 轴方向的最大幅值，如图 3-40 所示。需要特别注意的是，定义摆弧宽度时，一般不超过喷嘴直径。否则摆弧宽度过大，会造成两端部熔池的凝固再焊接，导致金属未熔合或者夹渣的情况出现。

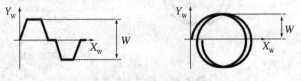

图 3-40　摆弧宽度参数

(5) 摆弧高度 weave_height。

摆弧高度 weave_height 定义了轨迹摆动的最大高度 (Z 向)，该参数只对 V 形和三角形的空间摆动有效，如图 3-41 所示。

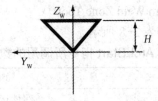

图 3-41　摆弧高度参数

以上 5 个参数，是机器人摆弧焊接的必填项。除此之外，在 weavedata 型数据中，还有 dwell_left、dwell_right、dwell_center 三个摆动行进参数以及 weave_dir、weave_tilt、weave_ori、weave_bias 四个摆动倾斜参数。上述 7 个参数在一般焊接过程中较少使用，在此不做深入的分析与讲解。读者可以根据需要查阅 ABB 官方手册"Application manual——arc and arc sensor"的相关内容。

6. 机器人焊接指令

机器人的弧焊轨迹由接近段—焊接段—脱离段三段构成，接近段和脱离段轨迹的作用使得机器人能够以正确的姿态到达焊接起点和脱离焊接终点，这两段的运动由机器人运动指令 (MoveJ、MoveL 和 MoveC) 控制。机器人焊接段用于形成实际的焊缝，机器人在焊接段的运动以及实际焊接工作由焊接专用指令控制。ABB 机器人在安装了 Arcware 软件包以后，会在编程界面提供专用的弧焊指令，如图 3-42 所示。弧焊指令被分为三类：焊接开始指令、焊接过程指令以及焊接收弧指令。任何焊接程序都必须以焊接开始指令作为实际焊接段的起始，根据实际的焊缝形状，焊接开始指令有 ArcLStart (线性焊接开始) 和 ArcCStart (圆弧焊接开始) 两种。技术人员只需要向机器人示教准确的起弧点位置并调用相关的焊接程序数据，Arcware 软件包就会根据预定义的焊接数据自动地协调送气、送丝、起弧等各种信号，同时监控整个焊接工艺过程的执行。如果起弧失败或者焊接电弧熄灭，则 Arcware 软件包将停止机器人的运动并且在示教器屏幕上输出报警标识。

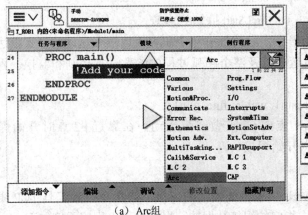

（a）Arc组　　　　　　（b）焊接指令

图 3-42　焊接指令界面

1) 焊接开始指令

(1) ArcLStart：线性焊接开始指令。ArcLStart 用于线性运动起弧的控制，该指令对于工具 TCP 的线性运动以及整个起弧过程的参数进行控制和监控。指令的标准格式如下：

ArcLStart ToPoint Speed Seam Weld Zone Tool

指令所调用的各数据类型如表 3-8 所示。

表 3-8　ArcLStart 指令所调用的数据类型

数据格式	数据类型	功　能
ToPoint	robtarget	线性运动目标点
Speed	speeddata	TCP 速度，该数据仅在程序逐行执行时有效
Seam	seamdata	该段焊缝的起弧参数
Weld	welddata	该段焊缝的焊接数据
Zone	zonedata	转弯半径
Tool	tooldata	工具坐标系

程序示例如下：

MoveJ …

ArcLStart p1, v100, seam1, weld5, fine, gun1 ;

ArcLEnd p2, v100, seam1, weld5, fine, gun1 ;

MoveJ …

在以上焊接程序的执行过程中，机器人执行完 MoveJ 指令程序后，向着 p1 点线性运动；同时根据 seam1 和 weld5 两个焊接数据的要求，在到达 p1 点之前开始预送气清枪；在准确到达 p1 目标点后，机器人执行保护送气，然后向焊机发出焊机开始 (起弧) 信号和送丝信号，起弧成功后，ArcLStart 程序行执行完毕。该程序段的运动轨迹如图 3-43 所示。

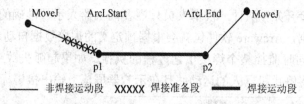

图 3-43　ArcLStart 指令运动轨迹

(2) ArcCStart：圆弧焊接开始指令。ArcCStart 用于机器人以圆弧运动的形式抵达起弧点，该指令对于工具 TCP 的圆弧运动以及整个起弧过程的参数进行控制和监控。程序示例如下：

ArcCStart p1, p2, v100, seam1, weld5, fine, gun1 ;

执行该程序，机器人通过 p1 点向 p2 点做圆弧运动，在靠近 p2 点时开始焊前准备 (预送丝、送气)，到达 p2 点开始焊接。

2) 焊接过程指令

(1) ArcL：线性焊接指令。ArcL 用于直线焊缝的焊接，该指令控制工具 TCP 线性运动到指定目标位置，同时以程序中指定的焊接数据控制焊接过程。程序示例如下：

MoveJ …

ArcLStart p1, v100, seam1, weld5, fine, gun1；

ArcL p2, v100, seam1, weld5, fine, gun1；

ArcLEnd p3, v100, seam1, weld5, fine, gun1；

MoveJ …

该程序在执行过程中，机器人在 p1 点起弧后，其工具 TCP 以程序数据 weld5 中预定义的焊接速度，向 p2 点直线运动，实现 p1 点到 p2 点之间的直线焊缝。该程序段的运动轨迹如图 3-44 所示。

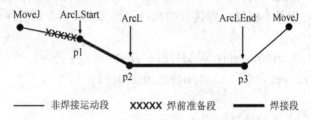

图 3-44　ArcL 指令运动轨迹

（2）ArcC：圆弧焊接指令。ArcC 用于圆弧焊缝的焊接，该指令控制工具 TCP 以圆弧运动的形式到达指定目标位置，同时以程序中指定的焊接数据控制焊接过程。程序示例如下：

MoveJ p10,v100,z10,gun1；

ArcLStart p20,v100,sm1,wd1,fine, gun1；

ArcC p30, p40, v100, sm1, wd1, z10, gun1；

ArcL p50,v100,sm1,wd1, z10, gun1；

ArcC p60,p70,v100,sm1,wd2, z10, gun1；

ArcLEnd p80,v100,sm1,wd2, fine, gun1；

MoveJ p90,v100,z10, gun1；

该程序在执行过程中，机器人在 p20 点起弧后，其工具 TCP 以程序数据 wd1 中预定义的焊接速度，经过 p30 向 p40 点圆弧运动，实现 p20 点到 p30 点之间的圆弧焊缝。该程序段的运动轨迹如图 3-45 所示。

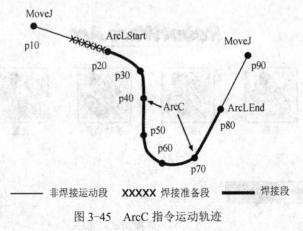

图 3-45　ArcC 指令运动轨迹

3) 焊接收弧指令

焊接收弧指令用于一段焊缝的最终收弧与结束。与其他的焊接指令类似,焊接收弧指令也分为ArcLEnd线性收弧指令和ArcCEnd圆弧收弧指令两种,分别用于直线焊缝的收弧和圆弧焊缝的收弧。在收弧过程中,收弧指令控制机器人工具TCP准确运动到达robtarget目标点,而不论转弯半径(ZONE)数据是否填写为"fine"(转弯半径数据的一种值)。工具TCP到达收弧目标点后,收弧程序根据seamdata中预定义的数据对焊缝进行焊后保护送气,使得焊缝在保护气氛中冷却,同时机器人完成焊丝回烧、弧坑回填等一系列工艺流程 (需要在程序数据中定义),在此阶段机器人运动暂时停止。需要特别强调的是,焊接程序中可以没有焊接过程指令,但是不能缺少焊接开始指令和焊接收弧指令。程序示例如下:

MoveL…
ArcLStart p1, v100, seam1, weld5, fine, gun1;
ArcCEnd p2, p3, v100, seam1, weld5, fine, gun1;
MoveL …

以上程序的机器人运动轨迹如图 3-46 所示。

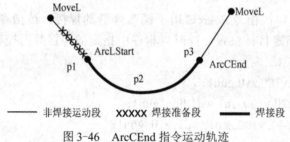

图 3-46　ArcCEnd 指令运动轨迹

7. 机器人焊接生产调试功能

为便于焊接参数及程序的现场调试与测试,Arcware 软件提供了焊接调试功能,在示教器界面中依次单击"生产屏幕" → "Arc" 菜单即可进入该功能,界面如图 3-47 所示。

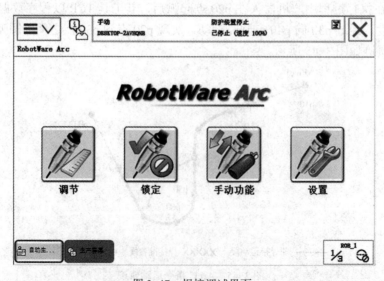

图 3-47　焊接调试界面

该界面提供了"调节"、"锁定"、"手动功能"以及"设置"4个功能，各功能的使用方法如下。

1) 调节

"调节"功能主要用于试焊过程中，快速调节welddata和weavedata的参数值，以找到最佳参数组合。"调节"功能的界面如图3-48所示。

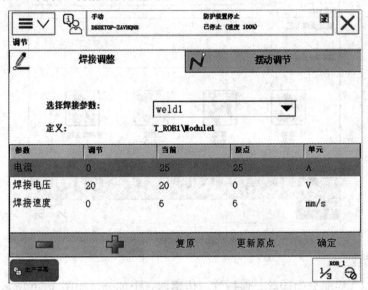

图3-48 "调节"界面

在图3-48中单击"焊接调整"和"摆动调节"选项可在welddata与weavedata参数之间切换，通过"选择焊接参数"选项找到需要调整的参数；单击"＋"和"－"按钮可具体地调整焊接电压或焊接电流等参数值，调整的参数将立即生效。"调节"功能可调节的参数如表3-9所示。

表3-9 调节界面的参数说明

焊接数据	参 数
welddata	电流
	焊接电压
	焊接速度
weavedata	摆动高度
	摆动偏移
	摆动宽度

2) 锁定

在生产现场调试焊接程序的过程中，通常需要测试焊接路径的准确性以及点位的准确性。"锁定"功能可以在焊接程序正常运行的情况下，对于部分焊接工艺进行锁定，被锁定的工艺将不被程序执行，从而提升程序的测试效率。"锁定"功能的界面如图3-49所示。

单击图3-49所示界面的4个图标，在焊接程序执行过程中，将启动或者锁定对应的功能。"焊接启动"功能被锁定后，机器人程序可以正常执行，但焊接相关的信号被屏蔽，不会产生电弧和真实的焊缝;"摆动启动"和"跟踪启动"功能用于对摆弧和视觉跟踪功能进行启动或锁定;"使用焊接速度"功能被锁定后,"焊接启动"、"摆动启动"、"跟踪启动"功能将全部被锁定,同时 weladata 数据中的焊接速度被屏蔽,机器人按照程序中的 speeddata 数据演示焊接轨迹。

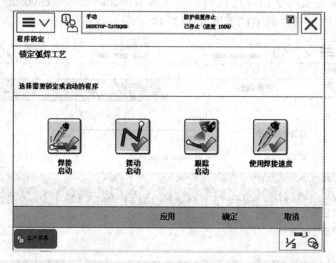

图 3-49　"锁定"界面

3) 手动功能

　　"手动功能"界面分为送丝、保护气、传感器三个部分,如图 3-50 所示。单击送丝功能的"向前"或"向后"图标,可以手动完成焊丝的前送和回抽(回抽功能需要 I/O 信号及送丝机提供功能支持);单击"保护气"图标后,将触发送气信号,该功能用于手动测试保护气系统工作状态是否正常;"传感器"图标用于手动测试机器人与焊缝跟踪传感器的信号连接并获取传感器的检测数据(该功能需要焊缝检测传感器及 ArcSensor 功能包提供软、硬件支持)。

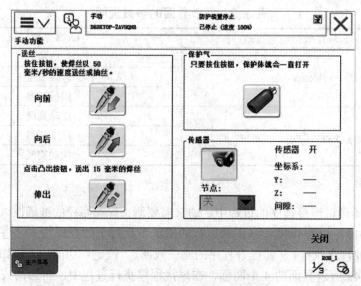

图 3-50　"手动功能"界面

4) 设置

该功能用于设置"调节"、"手动功能"等界面中参数修改的单位值,界面如图 3-51 所示。单击某功能后对应的数据,即可在弹出的数据键盘中输入新的单位值。例如,单击"电压"后,将电压参数修改的单位值设为 3,则"调节"功能中,每一次单击"＋"或"－"按钮,焊接电压将上升或者下降 3V。

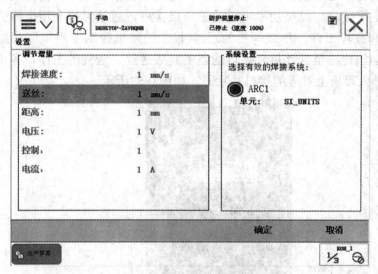

图 3-51 "设置"界面

3.4 项目实施

在此前的章节中,已经介绍了弧焊的原理和工艺参数,分析了机器人弧焊工作站的系统组成。本节将以 ABB 1410 机器人和麦格米特 Artsen PM400N 数字焊机为硬件基础,实现一次完整的弧焊工作任务。

3.4.1 焊接系统准备

1. 焊接设备的现场安装布置

焊机在现场安装过程中,需要注意以下情况:

(1) 安装在通风良好且振动小于 5.9 m/s^2 (0.6 g) 的场所;

(2) 避免安装在多尘埃、金属粉末或者含有腐蚀性、爆炸性气体的场所;

(3) 环境温度要求在 $(-10 \sim +40)℃$ 的范围内,温度超过 40℃时,需外部强制散热或者降额使用;

(4) 焊机距墙壁至少 20 cm,多台并排安放时应间隔 30 cm 以上;

(5) 焊机输入侧电缆截面积大于等于 16 mm^2,输出侧电缆截面积大于等于 50 mm^2。

送丝机一般安装于机器人第四轴末端,个别方案中会将送丝机安装于墙壁上。送丝机与机器人的相对安装固定,需要根据机器人上臂结构图纸设计专用的转接法兰。

二氧化碳保护气瓶的布置须远离热源、火源,室温不得超过 31℃,避免气瓶中的液态保护气受热膨胀形成高压气体造成炸裂。气瓶必须立放，并用框架或围栏固定。减压阀、压力调节器等装置连接后，使用肥皂水进行泄漏测试。

2. 焊接系统的连接

完成了焊机、保护气、送丝机的安装后，开始进行各子系统的互连。

焊机的正面布置有三个接口：焊接功率电缆正极接口、焊接功率电缆负极接口、送丝机控制电缆接口。焊接功率电缆的正负极接口，通过焊接专用电缆分别连接至送丝机(焊丝)和被焊工件，形成焊接的正/负极。送丝机控制专用电缆将焊机的控制信号(送气、送丝)传送至送丝机，使得送丝机完成送丝、送气的工作。各电缆连接时，直接将接头插入焊机上对应的接口并紧固，如图3-52所示。

图 3-52　焊机正面接口

焊机背面有两个接口：AC 380 V 总电源接口和 DeviceNet 通信接口，如图 3-53 所示。

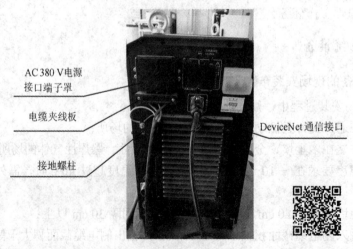

图 3-53　焊机背面接口

安装总电源电缆的操作顺序如下：

(1) 断开配电箱(用户设备)的开关，取下输入端子罩。

(2) 将输入电缆的一侧连接到电源输入端子，用电缆夹线板固定后还原输入端子罩，将输入电缆中的安全接地线接至焊机外壳 M6 接地螺柱。

(3) 将输入电缆的另一侧连接到配电箱开关的输出端子。

送丝机的正面仅有一个焊枪接口，锁紧螺纹即可完成连接。送丝机的后端面有 4 个接口：焊丝导管接口、焊接功率电缆接口、送丝机控制电缆接口和保护气管路接口，各接口的布置如图 3-54 所示。后端面各接口连接时按照送丝机控制电缆→焊接功率电缆→保护气管→焊丝导管的顺序依次安装连接，这样可以避免管路连接时出现干涉的情况。气管安装时务必锁紧气管喉箍，否则容易出现气体泄漏。

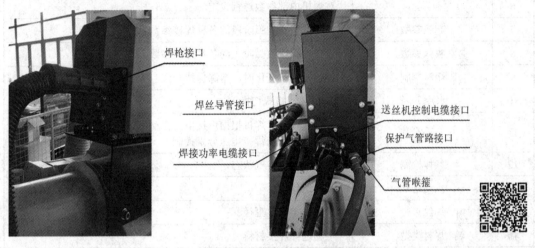

图 3-54　送丝机的接口布置

3.4.2　焊机参数设定

麦格米特 Artsen PM400N 焊机的面板如图 3-55 所示，各面板按键的功能如表 3-10 所示。

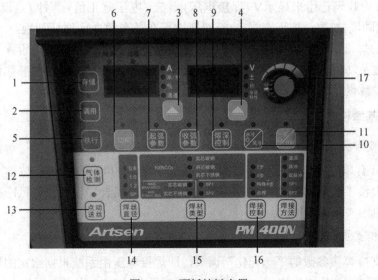

图 3-55　面板按键布置

表 3-10　按键功能说明

编号	按键名称	按键功能说明
1	存储	对焊接参数进行存储
2	调用	调用已存储的焊接参数
3	左功能切换	切换电流、送丝速度、百分比及通道号
4	右功能切换	切换电压、电压修正值、时间及电弧特性
5	执行	对设定的参数确认
6	功能	对焊机内部参数进行设定
7	起弧参数	设定或查看起弧阶段的各种焊接参数
8	收弧参数	设定或查看收弧阶段的各种焊接参数
9	熔深控制	焊丝干伸长变化时，熔深保持一致
10	水冷/风冷	水冷/风冷模式切换
11	一元/分别	一元模式下，焊机根据焊接电流自动配置对应的电压；分别模式下，焊接电流及焊接电压分别控制
12	气体检测	手动检测保护气状态
13	点动送丝	手动送丝
14	焊丝直径	手动设定焊丝直径
15	焊材类型	手动选择焊接材料
16	焊接控制	手动选择焊接方法
17	面板调节	调节焊机参数号及参数值

除了各种按键，面板上还布置有左右两个数码管用于显示各种参数。左数码管用来显示A (焊接电流)、米/分 (送丝速度)、% (送丝速度百分比)、通道 (参数存储通道号) 参数，右边数码管用来显示V (焊接电压)、± (电压修正值)、秒 (点焊时间)、电弧特性 (电弧软硬度)参数，按下左/右功能切换键可在各参数之间循环切换。

大部分的焊机都是手动焊接与自动焊接通用型的，因此焊接面板上设置了大量的手动焊接专用按键及功能，本文将主要讲解机器人全自动焊接条件下的焊机参数设置，手动焊接状态下的参数设置可参阅设备的使用说明书。

1. 焊机基本设置

1) 电源冷却模式

该焊机具有风冷、水冷两种冷却模式。按下"水冷/风冷"按键，按键上方的LED指示灯点亮，代表"水冷"模式启动；LED指示灯熄灭，代表焊机当前为风冷模式。本次任务需设置电源为"风冷"模式。

2) 控制模式选择

该电源支持焊接参数的"一元化"调节，即焊接电压由系统根据给定的焊接电流自动给定，按下"一元/分别"按键，上方的LED指示灯点亮，代表电源进入"一元化"模式；LED 指示灯熄灭，代表电源当前为"分别"模式，即用户可以独立地控制焊接电压和焊接电流。本任务需设置电源为"分别"模式。

3) 焊丝直径选择

该功能键用于确认实际使用的焊丝直径。按下"焊丝直径"按键，按键上方的焊丝直径显示灯会在 0.8、1.0 等焊丝直径之间切换，保证设置值与实际值相符即可。本任务所采用的焊丝直径为 1.0 mm。

4) 焊接类型

该功能用于确认实际使用的焊接保护气与焊丝类型。按下"焊接类型"按键，LED 指示灯会在各种焊接组合类型之间切换。本任务采用的是 CO_2 保护气配合实芯碳钢焊丝的组合。

2. 焊机内部参数设置

除面板上由按钮控制的焊接功能外，大量的高级焊接参数(通信形式、焊接优化、电源报警)是由焊机内部参数控制的。焊机内部参数的基本操作如下：

内部参数设置的进入与退出：长按功能键 3 s 进入内部参数设置，LED 指示灯亮起；短按功能键，退出内部参数设置，LED 灯熄灭。

内部参数的选择：在内部参数设置中，通过焊机面板调节旋钮进行同级参数选项切换及参数数值调节。

参数确认：按下执行键作为参数设置的确认。

默认参数值：当数码管显示为"OFF"时，代表该参数选用系统默认参数值。

1) 点动送丝速度 (F15)

点动送丝是保证焊丝干伸出长度的重要手段，焊机和机器人示教器上都有点动送丝功能。点动送丝的速度由焊机内部参数号 F15 控制，参数值调节范围为 (1.4 ～ 24) m/min。调节方法为：① 长按功能键 3 s 进入内部参数设置功能；② 旋转调节旋钮至数码管显示"F15"；③ 按下执行键进入 F15 参数的数值设置界面，此时右侧数码管处于闪烁状态；④ 旋转调节按钮，调节 F15 参数的设置值；⑤ 按下执行键确认，F15 参数设置完成。本任务中，F15 参数设置为"2 m/min"。

2) 反抽丝速度 (F16)

该参数控制反向抽丝信号接通时，焊丝的实际反向抽丝速度，单位：m/s。参数设置的过程与 F15 参数的一致，本任务中 F16 参数设置为"1.4 m/s"。

3) 电源模式 (FA0)

该参数控制焊机的工作模式切换。FA0 置为"ON"时，工作模式为机器人自动焊机模式；FA0 置为"OFF"时，工作模式为手工焊电源模式。本任务中，该参数置为"ON"。

4) 近控模式开关 (FA1)

该参数是电源近控功能的开关。FA1 置为"ON"时近控功能打开，用户可以通过面板上的按键旋钮控制焊接电压与焊接电流的数值；FA1 置为"OFF"时近控功能关闭，焊接电压与焊接电流由上位机指定。本任务中，焊接电压与焊接电流的数值由机器人侧的

weladata 指定，FA1 置为"OFF"。

5) 电源 MAC 地址 (FA3)

该参数是焊机在 DeviceNet 总线中的地址，可选范围是 1 ～ 63，本机地址不可与上位机或同一个总线下的从站地址重复。本任务中，焊机的 MAC 地址设为"20"。

6) 焊接电流信号类型 (FA7)

焊接电流与送丝速度是成比例的两种参数，在实际工程应用中，确定其中一个参数即可。FA7 参数置为"ON"时，焊机接收送丝速度控制信号；FA7 参数置为"OFF"时，焊机接收焊接电流控制信号。本任务中，机器人侧以焊接电流的形式控制焊接过程，FA7 参数置为"OFF"。

7) 通信协议选择 (FA9)

焊机厂商为了提高其产品的适用性，满足各种品牌的机器人系统的焊接需求，通常都提供对于常见机器人品牌焊接系统的支持。FA9 参数用于选择不同品牌的机器人焊接通信协议：FA9 = 1，FANUC 机器人；FA9 = 2，ABB 机器人；FA9 = 3，安川机器人；FA9 = 4，KUKA 机器人；FA9 = 5，埃斯顿机器人。本任务中，焊接机器人为 ABB 1410，FA9 参数置为"2"。

8) 初始化 (F01)

在 F01 参数界面下长按执行键，数码管显示"GOOD"，即完成了焊机的初始化。该参数将对焊机的所有参数进行初始化，初始化完成后焊机将恢复到出厂状态，因此应谨慎使用。

3.4.3　焊接信号配置与关联

在工程实践中，机器人侧的 I/O 配置有以下三种方法：

(1) 由焊机厂家直接提供整个焊接系统的 EIO.cfg 文件和 PRO.cfg 文件，技术人员直接使用 U 盘在机器人示教器上加载这两个文件，即可快速地完成整个信号配置及关联的过程。

(2) 由技术人员在计算机端的 RobotStudio 软件中逐次完成总线的定义、I/O 信号的编辑、焊接信号的关联等操作，由软件生成 EIO.cfg 文件和 PRO.cfg 文件后，使用"一键连接"功能将计算机端的文件传送至机器人侧并完成加载，或者使用 U 盘在机器人示教器上加载文件。该方法兼具了灵活性和快速性，RobotStudio 软件端的操作比示教器端的操作更方便且效率更高，可以根据工程的具体需求配置信号。但是该方案对于技术人员的 RobotStudio 操作能力及对 ABB 机器人系统中焊接信号的配置过程提出了较高的要求。

(3) 由技术人员在工程现场的机器人示教器上，逐次操作并完成总线的定义、I/O 信号的编辑、焊接信号的关联等操作。该方法是最基础的焊接信号配置方法，适合初学者使用。鉴于机器人焊接信号的配置方法在 3.3 节中已经做了详细的阐述，在此不再赘述。完成一次基本的机器人焊接所需的配置如下：

1. I/O 主题

I/O 主题的配置如下：

INDUSTRIAL_NETWORK：

-Name "DeviceNet" -Label "First DeviceNet" -Address "2" -BaudRate 125

!DeviceNet 总线主站配置

DEVICENET_DEVICE:

-Name "ioMEGMEET1" -TrustLevel "TrustLevel2" -VendorName"BECKHOFF"\

-ProductName "BECKHOFF" -Address 20 -VendorId 108 -ProductCode 5250\

　-DeviceType 12 -PollRate 30 -OutputSize 12 -InputSize 13

!DeviceNet 总线从站配置

EIO_SIGNAL:

-Name "doMeg1ArcOn" -SignalType "DO" -Device "ioMEGMEET1" -DeviceMap "0"\

! 起弧信号

-Name "doMeg1GasTest" -SignalType "DO" -Device "ioMEGMEET1" -DeviceMap "8"\

! 送气信号

-Name "doMeg1FeedForward" -SignalType "DO" -Device "ioMEGMEET1"\

-DeviceMap "9"

! 前送丝信号

-Name "doMeg1FeedRetract" -SignalType "DO" -Device "ioMEGMEET1"\

-DeviceMap "10"

! 反抽丝信号

-Name "doMeg1ErrorReset" -SignalType "DO" -Device "ioMEGMEET1"\

-DeviceMap "11"

! 故障重启信号

-Name "diMeg1ArcStable" -SignalType "DI" -Device "ioMEGMEET1"\

-DeviceMap "0"

! 起弧成功信号

-Name "aoMeg1Cur" -SignalType "AO" -Device "ioMEGMEET1"\

-DeviceMap "32-47" -EncType "UNSIGNED" -MaxLog 500 -MaxPhys 50\

-MaxPhysLimit 50 -MaxBitVal 500

!焊接电流

-Name "aoMeg1ArcVol" -SignalType "AO" -Device "ioMEGMEET1"\

-DeviceMap "48-63" -EncType "UNSIGNED" -MaxLog 45 -MaxPhys 450\

-MaxPhysLimit 450 -MaxBitVal 450

! 焊接电压

-Name " aiMeg1Current_M " -SignalType "AI" -Device "ioMEGMEET1"\

-DeviceMap "32-47" -EncType "UNSIGNED" -MaxLog 100 -MaxPhys 10\

-MaxPhysLimit 10 -MaxBitVal 65535

! 实时焊接电流反馈

-Name " aiMeg1Volt_M " -SignalType "AI" -Device "ioMEGMEET1"\

-DeviceMap "48-63" -EncType "UNSIGNED" -MaxLog 1000 -MaxPhys 10\

-MaxPhysLimit 10 -MaxBitVal 65535

！实时焊接电压反馈

-Name "goMeg1Mode" -SignalType "GO" -Device "ioMEGMEET1" -DeviceMap "2-4"\

！焊机工作模式

2. PROC 主题

PROC 主题的配置如下：

ARC_UI_MASKING:

-name "default" -uses_voltage -uses_current

！以焊接电压与焊接电流分别控制

ARC_EQUIP_IO_DI:

-name "stdIO_T_ROB1" -ArcEst "diMeg1ArcStable"

！DI 信号关联

ARC_EQUIP_IO_DO:

-name "stdIO_T_ROB1" -AWError "doMeg1ErrorReset" -GasOn "doMeg1GasTest"\

-WeldOn "doMeg1ArcOn" -FeedOn "doMeg1FeedForward"\ -FeedOnBwd "doMeg1FeedRetract"

！DO 信号关联

ARC_EQUIP_IO_AO:

-name "stdIO_T_ROB1" -VoltReference "aoMeg1ArcVol"\ -CurrentReference "aoMeg1Cur"

！AO 信号关联

ARC_EQUIP_IO_AI:

-name "stdIO_T_ROB1" -VoltageMeas "aiMeg1Volt_M"\ -CurrentMeas "aiMeg1Current_M "

！AI 信号关联

ARC_EQUIP_IO_GO:

-name "stdIO_T_ROB1" -ModePort "goMeg1Mode"

！GO 信号关联

GO 信号"goMeg1Mode"控制焊机从站数据接收区地址位 2 ～ 4 的数值。由地址 2 ～ 4 共 3 个位数据组成的数据寄存区为焊接工作模式控制区，该数据区的数值与焊接工作模式之间的关系如表 3-11 所示。本任务中，为了能够在机器人程序中分别控制焊接电压与焊接电流，需要将信号"goMeg1Mode"的值置为"5"。

表 3-11　焊机工作模式说明

数值	工　作　模　式
1	直流一元化模式，焊机以给定的焊接电流值自动匹配焊接电压
2	脉冲一元化模式，焊机以给定的焊接电流值自动匹配焊接电压
3	JOB 模式，调用焊机内部存储的焊接电压与焊接电流组合
4	近控模式，使用焊接面板的操作按钮设定焊接电压与焊接电流
5	分别模式，机器人侧以信号的形式分别控制焊接电压与焊接电流

3.4.4　焊接程序的编写与测试

1. 焊接任务

本次机器人弧焊工作站的工作任务是采用平焊的方法完成两块厚度为 2 mm 的 Q235 低碳钢板的对接焊，任务如图 3-56 所示。

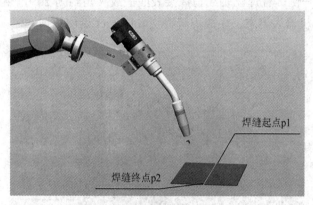

焊缝起点p1

焊缝终点p2

图 3-56　焊接任务示意图

根据给定的焊接条件，拟定焊接工艺参数如表 3-12 所示。

表 3-12　焊接工艺参数

焊接工艺参数	焊接方法	焊材 /规格	电源极性	焊接电流 /A	焊接电压 /V	焊接速度/(cm/min)	焊丝干伸长 /mm	气体流量/(L/min)
	CO_2	ER50-6/φ1.0	直流反接	80 ～ 90	21 ～ 25	25 ～ 35	13 ～ 16	13 ～ 18
焊接技术要求	《(1) 焊前准备：在材料焊接边缘处 20 mm 范围内，将油、污、锈及氧化皮清除，直至呈现金属光泽； (2) 焊缝表面无裂纹、气孔、咬边等缺陷； (3) 焊缝余高 ≤ 1.5 mm							

2. 焊接程序

1) 焊接数据的定义

根据焊接工艺参数要求，在 ABB 机器人示教器的程序数据中分别定义 seamdata 和 welddata 数据，命名为 seam1 和 weld1，数值设定如表 3-13 所示。

表 3-13　焊接程序数据

数据类型	数据名称	参数名称	设定值
seamdata	seam1	purge_time	5
		preflow_time	1
		postflow_time	1.5
welddata	weld1	weld_speed	4
		voltage	21
		current	80

2) 焊接程序的编写

编写机器人焊接程序的相关操作步骤如下：

(1) 点位示教。在手动模式下使用示教器将机器人焊丝末端靠近焊缝起点 p1。根据右焊法的要求调整机器人姿态，使得焊丝轴线 (图 3-57 中的虚线所示) 偏向焊接方向一侧，喷嘴指向成型焊缝一侧，且焊丝轴线与焊接表面法线夹角约为 20°，生成 robtarget 点位数据 p1。保持同样的机器人姿态，生成焊缝终点 robtarget 点位数据 p2。

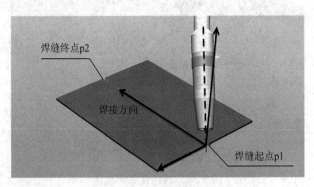

图 3-57　焊枪倾角

(2) 程序编写。

编写机器人焊接程序如下：

```
MODULE Module1
PROC main()
    MoveJ Offs(p1,0,0,50), v100, z50, tool1;
    !机器人末端运动到 p1 点正上方
    ArcLStart p1, v100, seam1, weld1, fine, tool1;
    !机器人直线运动到 p1 点起弧，焊接参数为 seam1、weld1
    ArcLEnd p2, v100, seam1, weld1, fine, tool1;
    !机器人沿着直线运动到 p2 点后熄弧
    MoveJ Offs(p2,0,0,50), v100, z50, tool1;
    !机器人提升到 p2 点上方的安全位置
ENDPROC
ENDMODULE
```

(3) 焊接程序调试。为了验证焊接程序的准确性，需要在焊接调试界面中锁定所有的焊接信号后执行程序，锁定焊接信号后的调试界面如图 3-58 所示。

锁定焊接信号后，按照正常的程序执行流程，分步执行每一行程序并检查位置的准确性。确认程序位置无误后，解除焊接信号的锁定，正常执行焊接程序即可。

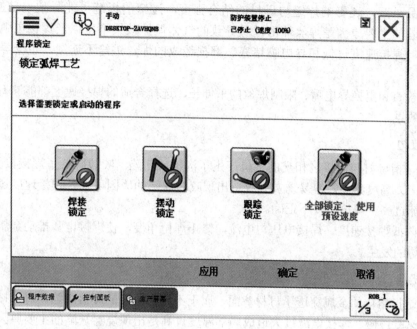

图3-58　焊接工艺锁定

3.4.5　焊接缺陷与调整措施

　　焊接是一种对工艺要求非常敏感的生产方式，材料和焊丝上的锈蚀与油污、焊接参数的不匹配都有可能导致焊接缺陷的出现。即使是经验丰富的技术人员，在实际生产过程中也需要多次调整工艺参数试焊，才能得到良好的焊接效果。焊接缺陷的种类很多，按其在焊缝中形成的位置，可分为外部缺陷和内部缺陷两大类。外部缺陷位于焊缝的外表面，以肉眼或放大镜就可以观察到，典型的外部缺陷包括焊缝成型差、咬边、烧穿、表面气孔和裂纹等；内部缺陷位于焊缝内部，需要使用专业的金属X射线探伤仪或者超声波探伤仪等设备检测，典型的内部缺陷包括未焊透、未熔合、夹渣、内部气孔与裂纹等。各种内/外焊接缺陷如图3-59所示。这里将对典型的焊接缺陷成因进行分析，并简要介绍调整措施。

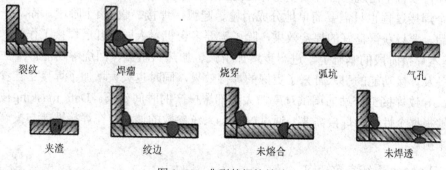

图3-59　典型的焊接缺陷

1. 焊缝成型差

焊缝成型差主要指焊缝外形高低不平、宽窄不均或者焊缝余高过高。焊缝成型差除了影响产品外观，还影响焊缝与母材的结合强度，过窄的焊缝可能导致局部应力集中。焊缝成型差的主要原因是焊丝伸出过长导致的气体保护效果不良以及焊接电弧摆动。个别条件下，焊接速度过低和导电嘴堵塞、磨损造成的焊丝进给不连续，也会导致焊缝成型不良。

定期检查和更换导电嘴、限制焊丝的干伸长、选择合适的焊接速度都能够有效地提高焊缝成型效果。

2. 咬边

咬边是指母材与焊接区相交的部位产生了沟槽或凹陷。咬边降低了焊接接头的强度，且咬边处应力高度集中，容易诱发裂纹。出现咬边缺陷的原因可能是焊接速度过快、焊接电压与电流过高、焊枪角度不正确。

通过降低焊接速度、焊接电压与电流，修正焊枪角度，使焊接电弧推动金属流动，能够防止咬边的发生。

3. 烧穿

烧穿是指熔化的金属穿透了母材背面，属于不允许出现的焊接缺陷。母材接头间隙过大、焊接速度过慢、焊接电流过大造成局部温度过高是出现烧穿缺陷的主要原因。通过加大焊接速度、降低焊接电流、缩小接头间隙等措施，可以避免烧穿缺陷的发生。

4. 裂纹

焊接裂纹是一种成因较为复杂的焊接缺陷，保护气体不纯、焊接方法不当、焊丝与母材被污染、焊缝冷却过快等因素都可能导致裂纹的出现。一般通过降低焊接速度、母材提前加温、气体提纯干燥、延长焊缝冷却时间、清理焊丝和工件等方法来避免焊接裂纹的出现。

3.5 知识拓展

ABB公司采用了一种名为Data masking (数据屏蔽)的技术来修饰seamdata、welddata、weavedata等焊接数据的结构。所谓屏蔽，是指焊接数据中的各种次级数据并不全部可见，次级数据的可见性由Process系统参数的具体配置情况决定。这样做的目的是为了处理实际焊接项目中出现的各种极度差异性的要求。最简单的焊接只需要一台机器人即可完成，整个焊接过程也只需要简单地分成清枪、起弧、焊接、收弧4个阶段。而对于某些复杂的产品，要想获得良好的焊接效果，除了需要多台机器人同步开展焊接工作外，还需要在4个基本焊接阶段的基础上，进一步增加引弧、加热、填弧、回烧等功能。显然，更多焊接设备及焊接功能的引入带来了更好的焊接效果，同时也大大增加了焊接工艺参数的配置难度，导致焊接工作站的调试难度增大，部署投产的时间延长。Data masking技术使得用户能够根据个性化的焊接需要，通过Process系统参数的调整，在焊接性能与投产速度之间取得平衡。

1. Process 系统参数结构

Procecss 系统参数下包含了 Arc System、Arc Equipment、Arc Units 等 19 个参数，每个参数又包含了若干个配置项。Process 系统参数的层级结构如图 3-60 所示。

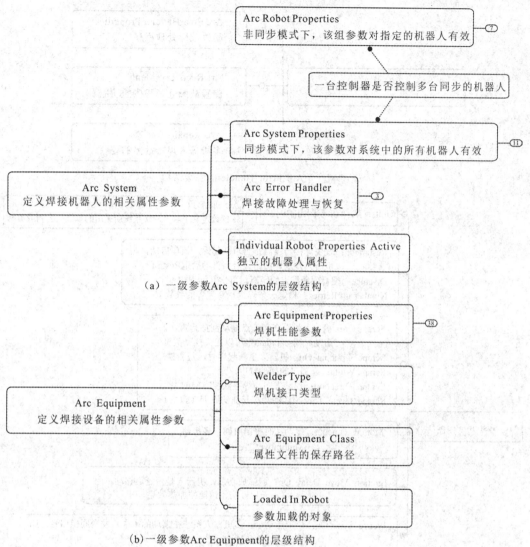

（a）一级参数Arc System的层级结构

（b）一级参数Arc Equipment的层级结构

图 3-60　Pcocess 系统参数的层级结构

2. Arc System Properties 参数

Process 包含 Arc System 和 Arc Equipment 两个一级参数，Arc System 用于配置焊接机器人的相关属性，而 Arc Equipment 用于配置焊接设备的相关属性。Arc System 包含 Arc System Properties、Arc Error Handler 两个二级参数以及 Individual Robot Properties Active（独立的机器人属性激活）配置项。Arc Error Handler 及其次级参数用于配置机器人对于各种焊接故障的处理和恢复策略；Arc System Properties 参数包含了焊接单位制、机器人刮擦启弧等多个配置项，其具体的配置与功能如图 3-61 所示。Arc Robot Properties 与 Arc System Properties 同属于二级参数，两个参数拥有完全相同的配置项。当 Individual Robot Properties Active 配置项关闭时，控制系统中的所有机器人按照 Arc System Properties 的配置执行；而 Individual Robot Properties Active 配置项打开后，可以在 Arc Robot Properties 参数中为每一台机器人配置独特的焊接属性。

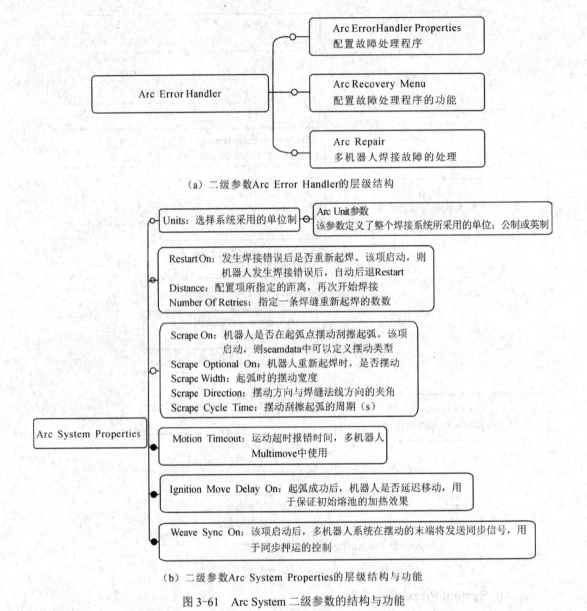

（a）二级参数Arc Error Handler的层级结构

（b）二级参数Arc System Properties的层级结构与功能

图 3-61　Arc System 二级参数的结构与功能

3. Arc Equipment Properties 参数

Arc Equipment Properties 参数包含了 19 个与实际焊接过程相关的焊接配置项，各配置项的功能如表 3-14 所示。将 Arc Equipment Properties 参数中的各配置功能全部打开，焊接过程被细分为设备状态信号监测、清枪、引弧、加热、焊接、填弧坑、回烧、冷却保护送气 8 个阶段，用户能够精确控制每个阶段的电压、电流、时长等焊接工艺参数。图 3-62 展示了"Ignition On"配置项打开或者关闭的状态下，焊接数据 seamdata 的变化情况。从图中可以发现，"Ignition On"配置项打开后，seamdata 中出现了 ign_arc 数据组，mode、voltage、current 等参数属于必填的引弧组数据。

表 3-14 Arc Equipment Properties 参数功能配置表

序号	配置项	功 能 说 明
1	Arc Equipment IO	IO 信号配置与关联
2	Preconditions On	该项启动，焊接开始前机器人要验证焊机反馈的保护气、焊丝、冷却水等设备的监测信号状态
3	Ignition On(引弧)	该项启动，seamdata 中的引弧隐藏参数组 ign_arc(引弧电压、引弧电流等) 将出现并启用
4	Heat On(加热)	该项启动，seamdata 中的加热隐藏参数组 heat_arc(加热电压、加热电流等) 将出现并启用。在加热段采用更大的焊接工艺参数，有利于焊缝熔池快速达到预设的温度
5	Burnback On(回烧)	该项启动，seamdata 中的回烧组隐藏参数 bback_arc(回烧时间) 将出现并启用。该参数在 MIG/MAG 焊接中使用，在焊接末段，关闭焊丝进给，但是维持短时间的供电，可以避免焊丝与熔池粘连
6	Fill On(填弧坑)	该项启动，seamdata 中的填弧坑组隐藏参数 fill_arc(填弧坑电压、填弧坑电流等) 将出现并启用
7	Burnback Voltage	该项启动，seamdata 中的隐藏参数回烧电压将启用并自动替代回烧时间参数
8	Rollback On	该项启动，seamdata 中的焊丝回抽组隐藏参数 rollback_time 将出现并启用。该参数在 TIG 焊接中使用，在焊接末段，焊丝反向回抽，避免焊丝与熔池粘连
9	Rollback Wirefeed On	该项启动，seamdata 中的焊丝回抽速度参数将出现并启用。不启用该项，回抽速度默认值为 10 mm/s
10	Autoinhibit On	该项启动，机器人在 AUTO 模式下，焊接过程可以被停止
11	Welder Robot	该项启动，表明当前的机器人是焊接机器人
12	Heat as time	该项启动，则加热组参数中的 heat_time 启用；该置 0，则加热组参数中的 heat_distance 和 heat_speed 启用
13	Override on	该项启动，则 welddata 中的调试界面焊接参数组 "org" 可见并启用
14	Schedport Type	该项控制程序数据传送给焊机的编码形式，0：普通二进制编码；1：BCD 码；2：脉冲码；3：CAN 总线
15	Arc Preset	设定模拟量信号的稳定时间
16	Arc OK Delay	该项控制电弧稳定的延迟确认时间，焊机反馈起弧成功信号后，信号持续时间达到该项设定的时间，机器人确认起弧成功
17	Ignition Timeout	该项控制起弧阶段的超时时间
18	Weld Off Timeout	该项控制焊接末段熄弧的超时时间
19	Time to feed 15mm wire	该项控制示教器焊接调试界面中 "伸出" 按钮所对应的送丝时间

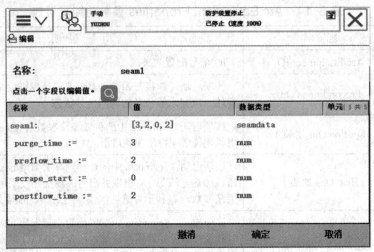

（a）seamdata数据结构：Ignition On配置项关闭

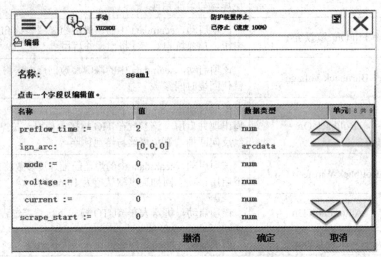

（b）seamdata数据结构：Ignition On配置项打开

图 3-62　系统配置对于程序数据的影响

思考与练习

1. 按照焊接工艺的不同，焊接可以被分为哪三大类？请查询这些焊接方法的特点及其在工厂的典型生产对象。

2. 描述弧焊焊缝的形成过程。

3. 在气体保护焊接过程中，保护气体的主要作用是什么？

4. 对于熔化极气体保护焊而言，电流越大焊丝熔化效率越高，在焊接过程中应该尽可能地采用大电流，这种说法对吗？为什么？

5. 描述工业机器人弧焊工作站中焊接系统的构成。

6. 机器人弧焊工作站中，送丝机的作用是什么？

7. 变位机在焊接过程中起什么作用？

8. 为什么焊接系统需要配置清枪装置？

9. 焊枪的冷却形式有哪些？选型的依据是什么？

10. 焊接专用机器人本体有什么特点？

11. ABB Arcware 软件包有何功能？

12. 一个完整的工业机器人弧焊周期包括哪几个阶段？

13. 焊接设备属性参数定义了什么功能？

14. 焊接系统属性参数定义了什么功能？

15. 如何使用生产调试界面进行焊接工艺锁定？

16. 焊接电压与焊接电流信号是否属于机器人弧焊工作站中必须定义的 I/O 信号？

17. 机器人弧焊工作站中必须定义的数字量输出焊接信号有哪几种？其作用分别是什么？

18. seamdata 数据中必填参数有哪几种？其作用分别是什么？

19. welddata 数据中必填参数有哪几种？其作用分别是什么？

20. 请写出下列语句中各参数的意义，并画出焊接轨迹。

ArcLStart p1,v100,sm1,wd1,fine, gun1；

ArcC p2, p3, v100, sm1, wd1, z10, gun1；

ArcL p4,v100,sm1,wd1, z10, gun1；

ArcC p5,p6,v100,sm1,wd2, z10, gun1；

ArcLEnd p7,v100,sm1,wd2, fine, gun1；

21. 简述将焊机调整为 DeviceNet 从站通信模式，地址为 14 的操作步骤。

22. 根据焊丝和保护气的实际情况，在焊机面板上完成焊丝直径以及焊接条件的设置。

23. 在 ABB 焊接机器人中，完成焊接 I/O 信号及信号关联的操作。

24. 在 ABB 焊接机器人中，编写焊接程序，完成两块钢板的对接焊。

参 考 文 献

[1] 叶晖 . 工业机器人典型应用案例精析 . 北京：机械工业出版社，2013.

[2] 叶晖 . 工业机器人工程应用虚拟仿真教程 . 北京：机械工业出版社，2013.

[3] ABB Robotic Application Manual: Arc and Arc Sensor.

[4] 殷树言 . 气体保护焊工艺基础 . 北京：机械工业出版社，2007.

[5] 吕世霞，周宇，沈玲 . 工业机器人现场操作与编程 . 武汉：华中科技大学出版社，2016.

[6] 汪励，陈小艳 . 工业机器人工作站系统集成 . 北京：机械工业出版社，2014.

[7] 蒋庆斌，陈小艳 . 工业机器人现场编程 . 北京：机械工业出版社，2014.